Methoden zur effizienten und genauen Berechnung der statischen Nachgiebigkeit und der Eigenpaare dünnwandiger Werkstücke

Methods for Efficient and Accurate Calculation of The Static Receptance and Eigenpairs of Thin-Walled Workpieces

Von der Fakultät für Maschinenwesen
der Rheinisch-Westfälischen Technischen Hochschule Aachen
zur Erlangung des akademischen Grades eines
D o k t o r s d e r I n g e n i e u r w i s s e n s c h a f t e n
genehmigte Dissertation

vorgelegt von

Guifeng Zhao

Berichter:

Univ.-Prof. Dr.-Ing. Christian Brecher
Univ.-Prof. Dr.-Ing. Michael Zäh

Tag der mündlichen Prüfung: 02. Februar 2026

ERGEBNISSE AUS DER PRODUKTIONSTECHNIK

Guifeng Zhao

Methoden zur effizienten und genauen Berechnung der statischen Nachgiebigkeit und der Eigenpaare dünnwandiger Werkstücke

Herausgeber:
Prof. Dr.-Ing. Dipl.-Wirt. Ing. G. Schuh
Prof. Dr.-Ing. C. Brecher
Prof. Dr.-Ing. R. H. Schmitt

Band 5/2026

WZL | RWTH AACHEN UNIVERSITY

Fraunhofer IPT

Bibliografische Information der Deutschen Nationalbibliothek
Die Deutsche Nationalbibliothek verzeichnet diese Publikation in der Deutschen Nationalbibliografie; detaillierte bibliografische Daten sind im Internet über https://portal.dnb.de abrufbar.

Guifeng Zhao:

Methoden zur effizienten und genauen Berechnung der statischen Nachgiebigkeit und der Eigenpaare dünnwandiger Werkstücke

1. Auflage, 2026

Gedruckt auf holz- und säurefreiem Papier, 100% chlorfrei gebleicht.

Wissenschaftsverlag des Instituts für Industriekommunikation und Fachmedien an der RWTH Aachen
Steinbachstr. 25, 52074 Aachen, Deutschland
Internet: www.apprimus-verlag.de, E-Mail: info@apprimus-verlag.de

Druck: CPI Druckdienstleistungen GmbH
Ferdinand-Jühlke-Straße 7 | 99095 Erfurt | Deutschland

ISBN 978-3-98555-335-8

Vorwort

Die vorliegende Arbeit entstand während meiner Tätigkeit als wissenschaftlicher Mitarbeiter am Werkzeugmaschinenlabor (WZL) der Rheinisch-Westfälischen Technischen Hochschule Aachen.

Zunächst danke ich meinem Doktorvater, Prof. Dr.-Ing. Christian Brecher, der mir die Möglichkeit gab, diese Arbeit zu verwirklichen. Mein besonderer Dank gilt den Kollegen, die mich maßgeblich bei der Ideenfindung unterstützt haben, insbesondere Dr.-Ing. Marcel Fey, Dr.-Ing. Robert Spierling und Dr.-Ing. Alexander Steinert. Ebenso danke ich meinem Bürokollegen Niclas Klumpen herzlich für seine Geduld bei der Beantwortung meiner Fragen zur deutschen Grammatik während des Schreibprozesses.

Allen Mitarbeiterinnen und Mitarbeitern des Werkzeugmaschinenlabors, die mich während meiner Tätigkeit als wissenschaftlicher Mitarbeiter unterstützt haben, möchte ich ebenfalls meinen Dank aussprechen.

Die Ergebnisse dieser Arbeit wurden im Rahmen des Forschungsprojektes „Methoden zur effizienten und genauen Berechnung der statischen Nachgiebigkeit und der Eigenpaare eines dünnwandigen Werkstücks“ (Projektnummer: 518689593) erarbeitet, das von der Deutschen Forschungsgemeinschaft (DFG) gefördert wurde. Für diese Unterstützung danke ich der DFG ausdrücklich.

Mein besonderer Dank gilt meinen Eltern für ihre bedingungslose Unterstützung. Der größte Dank gebührt meiner Frau Xueyi Cheng, die aus Liebe auf viele gemeinsame Urlaubspläne verzichtet und mich stets unterstützt hat.

Aachen, im Frühjahr 2025 Guifeng Zhao

Inhaltsverzeichnis

Formelzeichen und Abkürzungsverzeichnis

Symbols and abbreviations

Zeichen	Beschreibung
A	SPD-Matrix
$A_{j:n,j}$	Einträge j bis n auf der j-ten Zeile in A
$colIndex$	Liste zur Speicherung der Spaltenindizes
$colPointer$	Liste zur Speicherung der Spaltenstartindizes im CSC-Format
D	Systemdämpfungsmatrix
$E - ID$	Element-ID
EL	Elementliste
ΔEL	Liste der gelöschten Elemente
EL_a	Liste der außenliegenden Elemente
$etree$	Eliminationsbaum
f	statische Kraft
f_B	Eigenfrequenz der ersten Biegemode
$f_{konzentriert}$	konzentrierte statische Kraft
f_T	Eigenfrequenz der ersten Torsionsmode
$f_{verteilt}$	verteilte statische Kraft
$f(x)$	quadratische Funktion zur Ableitung der KG-Methode
g_{jj}	j-ter diagonaler Eintrag in G
g_{jk}	Eintrag auf der j-ten Zeile und der k-ten Spalte in G
G	unterer Cholesky-Faktor von K_{um}
G^T	oberer Cholesky-Faktor von K_{um}

Zeichen	Beschreibung
G^0	Graph zur Darstellung von K
G^1	durch die Entfernung des Knotens 1 aus G^0 entstehender Graph
G^2	durch die Entfernung des Knotens 2 aus G^1 entstehender Graph
G^3	durch die Entfernung des Knotens 3 aus G^2 entstehender Graph
G^4	durch die Entfernung des Knotens 4 aus G^3 entstehender Graph
H	Übertragungsmatrix
I	Einheitsmatrix
k	statische Steifigkeit
K	Systemsteifigkeitsmatrix
K_{B1}	Systemsteifigkeitsmatrix des Biegebalkens $B1$
K_{B2}	Systemsteifigkeitsmatrix des Biegebalkens $B2$
$\overline{K_{B2}}$	singuläre Systemsteifigkeitsmatrix des Biegebalkens $B2$
ΔKL	Liste der gelöschten Knoten
K_i	elementare Steifigkeitsmatrix des i-ten Elements
$K - ID$	Knoten-ID
KL	Knotenliste
KL_i	Knotenliste des i-ten Elements
ΔK_q	Summe der elementaren Steifigkeitsmatrizen der gelöschten Elemente
K_{um}	umgeordnete Systemsteifigkeitsmatrix
$K_{um,ij}$	Eintrag auf der i-ten Zeile und der j-ten Spalte in K_{um}
$K_{sys,q}$	Systemsteifigkeitsmatrix des Zwischenzustands q

Zeichen	Beschreibung
$K_{sys,q,um}$	umgeordnete Systemsteifigkeitsmatrix des Zwischenzustands q
l_{jj}	j-ter diagonaler Eintrag in L
l_{jk}	Eintrag auf der j-ten Zeile und der k-ten Spalte in L
L	unterer Cholesky-Faktor von K
L_{B1}	unterer Cholesky-Faktor von K_{B1}
L_{B2}	unterer Cholesky-Faktor von K_{B2}
$L_{j:n,j}$	Einträge j bis n auf der j-ten Zeile in L
$L_{j+1:n,j}$	Einträge $j+1$ bis n auf der j-ten Zeile in L
$L_{j:n,k}$	Einträge j bis n auf der k-ten Zeile in L
L^T	oberer Cholesky-Faktor von K
$LoadNodes$	Liste der belasteten Knoten
$LoadIndices$	Indizes der belasteten Freiheitsgrade
M	Systemmassenmatrix
$M_{sys,q}$	Systemmassenmatrix des Zwischenzustands q
M_i	elementare Massmatrix des i-ten Elements
ΔM_q	Summe der elementaren Massenmatrizen der gelöschten Elemente
N_{LN}	Anzahl der belasteten Knoten
P	Umordnungsmatrix
P^{-1}	Inverse von P
P^T	transponierte Umordnungsmatrix
$P1$	auf Basis der Sequenz des Materialabtrags erstellte Umordnungsmatrix
$P2$	auf Basis der AMD-Methode erstellte Umordnungsmatrix
r	Lastvektor

Zeichen	Beschreibung
r_q	Lastvektor des Zwischenzustands q
$r_{(t)}$	Lastvektor als Funktion der Zeit
$rowIndex$	Liste zur Speicherung der Zeilenindizes
$rowPointer$	Liste zur Speicherung der Zeilenstartindizes im CSR-Format
R	Rayleigh-Quotient
RL	Liste zur Speicherung aller kleinen Räume bei der Verwendung der Spatial-Patitioning-Technik
ΔRL	Liste zur Speicherung der mit S_q überschneidenden Räume
S_q	Swept-Fläche des Werkzeugs zwischen den Werkzeugpositionen $q-1$ und q
$\mathcal{S}\{K_{um}\}$	Besetzungsstruktur von K_{um}
$\mathcal{S}\{G\}$	Besetzungsstruktur von G
S_{Spalte}	spaltenbasierte Selektionsmatrix
S_{Zeile}	zeilenbasierte Selektionsmatrix
u	Verlagerungsvektor
u_q	Verlagerungsvektor des Zwischenzustands q
$u_{(t)}$	Verlagerungsvektor als Funktion der Zeit
$\dot{u}_{(t)}$	Geschwindigkeitsvektor
$\ddot{u}_{(t)}$	Beschleunigungsvektor
val	Liste zur Speicherung der Nicht-Null-Einträge in einer dünn besetzten Matrix
VEL_i	Liste der mit dem Element i verbundenen Elemente
$Z-ID$	ID des Zwischenzustands
$\mathcal{V}$	Menge aller Knoten im Graph
$\mathcal{E}$	Menge aller Kanten im Graph
Φ	Eigenvektoren

Zeichen	Beschreibung
Λ	Eigenwertmatrix
λ_i	i-ter Eigenwert
ϕ_i	i-ter Eigenvektor
ψ_i	i-ter Ritz-Basisvektor
Ψ	Ritz-Basisvektoren
$\tilde{\lambda}_i$	i-ter Ritz-Wert
ω_i	i-te Eigenkreisfrequenz

Abkürzung	Beschreibung
AMD	Approximate minimum degree
CAD	Computer-aided design
CAM	Computer-aided manufacturing
CG-method	Conjugate gradient method
COO	Coordinate list format
CSC	Compressed sparse column
CSR	Compressed sparse row
DFG	Deutsche Forschungsgemeinschaft
DoF	Degree of freedom
EMA	experimentelle Modalanalyse
FE	Finite Elemente
FEM	Finite-Elemente-Methode
KG-Methode	Konjugierte-Gradienten-Methode
KMG	Koordinatenmessgerät
SPD	symmetrisch und positiv definit
WZL	Werkzeugmaschinenlabor der RWTH Aachen

1 Einleitung

Introduction

Dünnwandige Bauteile werden in verschiedenen Ingenieuranwendungen aufgrund ihres geringen Gewichts und ihrer effizienten Materialnutzung häufig verwendet. Sie zeichnen sich durch eine Wandstärke aus, die im Vergleich zu ihren anderen Abmessungen klein ist. Diese Bauteile sind in der Luft- und Raumfahrt, der Automobilindustrie und im Bauwesen weit verbreitet [DELS19; WU21].

Zur Herstellung der dünnwandigen Bauteile kommen Fertigungsverfahren wie Gießen, 3D-Druck und CNC-Zerspanung zum Einsatz. Darunter zeichnet die CNC-Zerspanung durch ihre hohe erreichbare Bauteilgenauigkeit aus [ALEX16; DEJE23; DELS19; WU19; WU21].

Die CNC-Zerspanung der dünnwandigen Werkstücke ist allerdings eine herausfordernde Aufgabe [KOIK13; SMIT12; WIED13]. Einerseits können Formfehler wegen der großen statischen Nachgiebigkeit des Werkstücks auftreten [ALTI18; ANNO15; DELS19; DENK07; DITT19; LOEH12; WU21], andererseits können starke Schwingungen durch die große dynamische Nachgiebigkeit des dünnwandigen Werkstücks verursacht werden [BIER10; DELS19; KOLL13a; KOLL14; MÖHR18; WIED16; WU21].

Zur Sicherstellung einer guten Qualität der hergestellten dünnwandigen Werkstücke ist die Optimierung der CAM-Planung unter Berücksichtigung der möglichen statischen und dynamischen Probleme bei der CNC-Zerspanung erforderlich. Ohne rechnergestützte Hilfsmittel sind viele Bearbeitungsversuche und Messungen notwendig, um die CAM-Planung iterativ zu optimieren, bis geeignete Prozessparameter gefunden werden [BOLA16; HUAN18]. Dies ist allerdings mit großem Material- und Zeitaufwand verbunden [BOLA16].

Um den großen Material- und Zeitaufwand der Bearbeitungsversuche und Messungen einzusparen, kann die Finite-Elemente-Methode (FEM) zur Vorhersage der statischen und dynamischen Eigenschaften des dünnwandigen Werkstücks verwendet werden. Auf Basis der vorhergesagten statischen und dynamischen Eigenschaften kann die CAM-Plannung des dünnwandigen Werkstücks ohne oder nur mit wenigen Bearbeitungsversuchen und Messungen optimiert werden. Die Besonderheit der FE-Simulation eines dünnwandigen Werkstücks ist, dass die physikalischen Eigenschaften des dünnwandigen Werkstücks aufgrund des Materialabtrags nicht konstant sind [TUYS17a; TUYS17b; WIED13]. Daher sind viele Simulationen der Zwischenzustände des dünnwandigen Werkstücks nötig. Die Vielzahl der Simulationen kann eine extrem hohe Rechenzeit verursachen. Die vorhandenen Methoden zur Durchführung dieser Simulationen sind entweder ineffizient oder nicht ausreichend präzise. Dies begrenzt aktuell die Anwendung von FE-Simulationen bei der CAM-Planung des dünnwandigen Werkstücks.

Diese Arbeit konzentriert sich auf die effiziente und genaue Simulation der statischen und dynamischen Eigenschaften von dünnwandigen Werkstücken. Diese Thematik wird im von der Deutschen Forschungsgemeinschaft (DFG) geförderten Projekt „Methoden zur effizienten und genauen Berechnung der statischen Nachgiebigkeit und der Eigenpaare eines dünnwandigen Werkstücks" behandelt. Die vorliegende Arbeit basiert zu einem großen Teil auf den Ergebnissen dieses Projektes. Teile dieser Arbeit wurden daher bereits vorab veröffentlicht [BREC23; BREC24a; BREC24b].

Introduction

Thin-walled components are frequently used in various engineering applications due to their low weight and efficient material utilization. These components are characterized by a wall thickness that is small in comparison to their other dimensions. They are widely used in fields such as aerospace engineering, automotive industry and construction [DELS19; WU21].

Various manufacturing processes, such as casting, 3D printing, or CNC machining, are used to produce thin-walled components. Among these, CNC machining stands out for its high precision [ALEX16; DEJE23; DELS19; WU19; WU21]. However, CNC machining of thin-walled components is a challenging task [KOIK13; SMIT12; WIED13]. On the one hand, shape errors can occur due to the high static receptance of the workpiece [ALTI18; ANNO15; DELS19; DENK07; DITT19; LOEH12; WU21], while on the other hand, strong vibrations can be caused by the high dynamic receptance of the thin-walled workpiece [BIER10; DELS19; KOLL13a; KOLL14; MÖHR18; WIED16; WU21].

To ensure the quality of the manufactured thin-walled components, it is necessary to optimize CAM planning, considering the possible static and dynamic problems in the CNC machining. Without computational methods, numerous machining trials and measurements are needed to iteratively refine the CAM planning until suitable process parameters are identified [BOLA16; HUAN18]. However, this approach involves significant material and time costs [BOLA16].

To reduce material and time costs associated with machining trials and measurements, the Finite Element Method (FEM) can be utilized to predict the static and dynamic properties of the thin-walled workpiece. Based on these predicted properties, CAM planning for the thin-walled component can be optimized with minimal or no need for machining trials and measurements. A key challenge in FE simulation for thin-walled workpieces is that the physical properties of the component change due to material removal [TUYS17a; TUYS17b; WIED13]. As a result, multiple simulations of the intermediate states of the workpiece are required. This high number of simulations can lead to significant computational costs. Existing methods for performing these simulations are either inefficient or lack sufficient accuracy, which currently limits the use of FE simulations in CAM planning for thin-walled components.

This work focuses on the efficient and accurate simulation of the static and dynamic properties of thin-walled components. This topic is addressed in the project funded by the German Research Foundation (DFG) entitled "Methods for the efficient and accurate calculation of the static receptance and eigenpairs of a thin-walled workpiece". A significant part of this work is based on the results of this project. Hence, parts of this work have already been published [BREC23; BREC24a; BREC24b].

2 Stand der Technik

State of the art

In der vorliegenden Arbeit werden effiziente und genaue Methoden zur Berechnung der statischen und dynamischen Eigenschaften von dünnwandigen Werkstücken entwickelt. Als Grundlage für die Methodenentwicklungen wird der relevante Stand der Technik in diesem Kapitel zusammengetragen. Es wird dabei mit der Einleitung in die Finite-Elemente-Methode für allgemeine statische und dynamische Probleme begonnen (Abschnitt 2.1). Anschließend werden die Methoden zur Lösung der allgemeinen statischen und dynamischen Probleme in den Abschnitten 2.2 bis 2.8 beschrieben. Danach wird die aktuelle Vorgehensweise zur Simulation von dünnwandigen Werkstücken in den Abschnitten 2.9 bis 2.11 erläutert. Ergänzend wird das Vorgehen zur experimentellen Ermittlung der statischen und dynamischen Eigenschaften von dünnwandigen Werkstücken in Abschnitt 2.12 thematisiert. Schließlich werden die Defizite im Stand der Technik identifiziert.

2.1 Finite-Elemente-Methode für allgemeine strukturmechanische Probleme

Finite element method for general structural mechanics problems

Die Finite-Elemente-Methode (FE-Methode) ist eine gängige numerische Methode zur Simulation allgemeiner strukturmechanischer Probleme. Sie wird in einer Vielzahl von Branchen, z. B. Automobilindustrie, Luft- und Raumfahrt und Maschinen- und Anlagenbau, verwendet, um das Verhalten komplexer Strukturen unter verschiedenen Belastungen zu berechnen und zu verstehen [BATH14; LIU22; ZIEN00]. Aufgrund der weit verbreiteten Anwendung und der langen Entwicklungsgeschichte der FE-Methode existieren viele bekannte FE-Programme, z. B. Abaqus, Ansys und NX Nastran [LOGA11]. Obwohl die verschiedenen FE-Programme jeweils eigene Vor- und Nachteile haben, kann die Durchführung der FE-Simulation in allen FE-Programmen auf die gleichen Schritte zurückgeführt werden [BATH14; LARS13; ZIEN00]:

- **Diskretisierung**: Die zu analysierende Struktur wird in eine endliche Anzahl von kleinen Teilen (Finite-Elemente) unterteilt. Diese Elemente können unterschiedliche Formen haben, wie z. B. Dreiecke, Vierecke, Tetraeder oder Hexaeder. Dieser Schritt wird oft als Vernetzung (Meshing) bezeichnet.
- **Aufbau der elementaren Matrizen**: Zur Beschreibung der mechanischen Eigenschaften jedes Elements werden elementare Matrizen aufgebaut. Diese sind von der Elementgeometrie und der Materialeigenschaften abhängig.

- **Zusammenbau**: Die elementaren Matrizen werden zu globalen Matrizen zusammengesetzt. Auf Basis der globalen Matrizen wird das globale Gleichungssystem erstellt, welches das zu analysierende Problem beschreibt.
- **Lösung des Gleichungssystems**: Das globale Gleichungssystem wird gelöst, um die unbekannten physikalischen Eigenschaften zu ermitteln.

Zur Sicherstellung der Simulationsgenauigkeit kann eine feine Diskretisierung der Struktur erforderlich sein. Dies führt zu einer großen Anzahl der Elemente und somit zu einem Gleichungssystem mit vielen Freiheitsgraden. Die Lösung des Gleichungssystems mit vielen Freiheitsgraden ist eine zentrale Aufgabe der FE-Methode, die einen hohen Rechenzeitbedarf verursachen kann. Nachfolgend werden die Lösungsmethoden für statische Probleme (Abschnitte 2.2, 2.3 und 2.4) und dynamische Probleme (Abschnitte 2.5, 2.6, 2.7 und 2.8) diskutiert.

2.2 Mathematische Beschreibung eines statischen Problems

Mathematical formulation of a static problem

Ein statisches Problem wird durch das folgende Gleichungssystem mathematisch formuliert [BATH14; ZIEN00]:

$$Ku = r, \tag{2.1}$$

mit:

- K: Systemsteifigkeitsmatrix,
- u: Verlagerungsvektor,
- r: Lastvektor.

Die Methoden zur Berechnung von r in Gl. 2.1 können in zwei Gruppen klassifiziert werden:

- Direkte Methoden zur Lösung des statischen Gleichungssystems [BATH14],
- Iterative Methoden zur Lösung des statischen Gleichungssystems [HACK16; HEST52].

Die direkten und iterativen Methoden werden jeweils in den Abschnitten 2.3 und 2.4 diskutiert.

2.3 Direkte Lösungsmethoden des statischen Gleichungssystems

Direct solution methods for the static equation system

In einer direkten Methode wird eine exakte Lösung des statischen Gleichungssystems Gl. 2.1 in einer endlichen Anzahl von Schritten berechnet. Eine grundlegende direkte Methode zur Lösung von Gl. 2.1 ist das Gaußsche Eliminationsverfahren [BATH14; GAUS74; KRES12; MEUR99]. Das Gaußsche Eliminationsverfahren besteht aus zwei Schritten:

- **Vorwärtselimination**: Die Matrix K wird durch eine Reihe von Zeilenoperationen in eine obere Dreiecksmatrix umgeformt. Dabei ist zu beachten, dass die Einträge des Lastvektors r auf der rechten Seite von Gl. 2.1 durch diese Zeilenoperationen aktualisiert werden.
- **Rückwärtseinsetzen**: Der Verlagerungsvektor u wird durch Rückwärtseinsetzen von unten nach oben berechnet.

Die Vorwärtselimination des Gaußschen Eliminationsverfahrens erfordert einen hohen Rechenaufwand [BATH14]. Daher wird das Gaußsche Eliminationsverfahren in der Praxis selten verwendet. Die grundlegende Idee des Gaußschen Eliminationsverfahrens, die Steifigkeitsmatrix K in eine Dreiecksmatrix umzuformen, ist allerdings von zentraler Bedeutung. Auf Basis dieser Idee wird die direkte Cholesky-Methode entwickelt. Der erste Schritt dieser Methode ist die Cholesky-Zerlegung [BATH14; CORM22; LYCH20]:

$$K = LL^T, \tag{2.2}$$

mit:

- L: untere Dreiecksmatrix,
- L^T: obere Dreiecksmatrix (transponierte Matrix von L).

Nach der Cholesky-Zerlegung von K wird der Verlagerungsvektor u durch Vorwärts- und Rückwärtseinsetzen berechnet [LIU90]. Der Vorteil der Cholesky-Methode zur Lösung des statischen Gleichungssystems Gl. 2.1 liegt darin, dass die Cholesky-Zerlegung von K effizient durchgeführt werden kann und nicht erneut erfolgen muss, wenn nur der Lastvektor r in Gl. 2.1 variiert. Da die aus einem strukturmechanischen Problem entstehende Matrix K normalerweise eine dünn besetzte, symmetrische und positiv definite (SPD) Matrix ist, wird die Cholesky-Zerlegung in Gl. 2.2 nicht direkt durchgeführt, sondern wegen der Eigenschaften dünn besetzter Matrizen in drei wesentliche Schritte unterteilt [GOLU13; SCOT23]:

- Umordnung der zu zerlegenden Matrix K,

- symbolische Phase der Zerlegung,
- numerische Phase der Zerlegung.

Nachfolgend wird zunächst der Algorithmus zur Cholesky-Zerlegung dicht besetzter Matrizen erläutert (Abschnitt 2.3.1). Danach werden die besonderen Speicherformate dünn besetzter Matrizen vorgestellt (Abschnitt 2.3.2), die den Speicherplatzbedarf reduzieren können und die Durchführung der Cholesky-Zerlegung beeinflussen. Anschließend werden die drei zuvor genannten Schritte der Cholesky-Zerlegung dünn besetzter Matrizen in den Abschnitten 2.3.3 bis 2.3.5 diskutiert. Schließlich wird die Lösung von Gl. 2.1 auf Basis der Cholesky-Zerlegung erläutert (Abschnitt 2.3.6).

2.3.1 Cholesky-Zerlegung dicht besetzter Matrizen

Cholesky decomposition of dense matrices

Die Cholesky-Zerlegung einer dicht besetzten Matrix A ist relativ direkt und erfordert keine spezielle Behandlung von Nullstellen in A. Der gängige Algorithmus zur Cholesky-Zerlegung einer dicht besetzten Matrix kann in Form von Pseudocode zusammengefasst werden [SCOT23]:

Algorithmus 1 links-sehende Cholesky-Zerlegung (left-looking Cholesky factorization) für dichte Matrix

Eingabe: dichte SPD-Matrix A.

Ausgabe: Cholesky-Faktor L.

for $j = 1 : n$ **do**
  $L_{j:n,j} = A_{j:n,j}$ {*Nur das untere Dreieck von A ist nötig.}
  for $k = 1 : j-1$ **do**
    $L_{j:n,j} = L_{j:n,j} - L_{j:n,k} l_{jk}$ {*Aktualisierung der Splate j auf Basis der berechneten vorderen Spalten.}
  end for
  $l_{jj} = (l_{jj})^{1/2}$ {*Überschreiben des Diagonaleintrags mit seiner Quadratwurzel.}
  $L_{j+1:n,j} = L_{j+1:n,j}/l_{jj}$ {*Berechnung aller Einträge der Spalte j.}
end for

In Algorithmus 1 werden die Einträge des Cholesky-Faktors L spaltenweise berechnet. Der spaltenweise Berechnungsprozess wird anhand des Beispiels in Abb. 2.1 veranschaulicht. In diesem Beispiel ist A eine 3×3 Matrix. Daher ist der entsprechende Cholesky-Faktor L eine 3×3 untere Dreiecksmatrix (lower triangular matrix). Durch die Beobachtung der Berechnungen aller Spalten in L lässt sich erkennen:

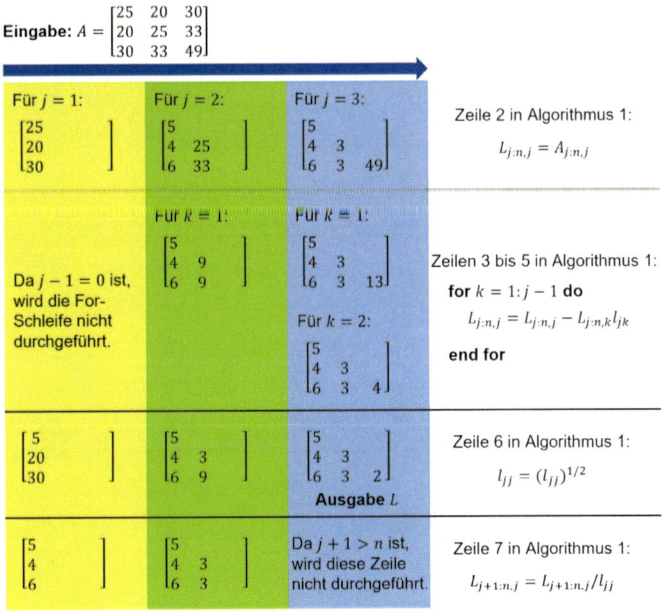

Abbildung 2.1: Beispiel von Algorithmus 1 zur Berechnung von L

- Für die erste Spalte ($j = 1$): Bei der Berechnung wird ausschließlich die erste Spalte von A verwendet. Daher beeinflusst nur die erste Spalte von A die erste Spalte von L.
- Für die zweite Spalte ($j = 2$): Bei der Berechnung werden die zweite Spalte von A und die erste Spalte von L verwendet. Daher haben die ersten beiden Spalten von A einen Einfluss auf die zweite Spalte von L.
- Für die dritte Spalte ($j = 3$): Bei der Berechnung werden die dritte Spalte von A und die ersten zwei Spalten von L verwendet. Daher haben alle drei Spalten von A Einfluss auf die dritte Spalte von L.

Diese Beobachtung kann als eine Eigenschaft der Cholesky-Zerlegung generalisiert und zusammenfassend formuliert werden:

- Die Berechnung der j-ten Spalte des Cholesky-Faktors L erfolgt auf Basis der j-ten Spalte von A und der bereits berechneten Spalten von L. Daher haben die erste bis j-te Spalten von A Einfluss auf die Berechnung der j-ten Spalte von L.

Da die aus einem strukturmechanischen Problem entstehende Matrix K normalerweise eine dünn besetzte Matrix ist, wird Algorithmus 1 in der Praxis selten angewendet. Die spaltenweise Berechnung von L hat allerdings die Entwicklung von Methoden zur Cholesky-Zerlegung dünn besetzter Matrizen inspiriert.

2.3.2 Speicherformate dünn besetzter Matrizen

Storage formats for sparse matrices

Eine Matrix gilt als dünn besetzt, wenn die meisten ihrer Einträge gleich 0 sind. Da Matrizen zur Beschreibung eines FE-Systems normalerweise dünn besetzt sind, werden die Speicherformate dünn besetzter Matrizen diskutiert, die einen Einfluss auf die Lösung des FE-Systems haben.

Für die Speicherung einer $n \times n$ dicht besetzten Matrix ist ein Speicherplatz für n^2 Matrixeinträge nötig. Wenn diese $n \times n$ Matrix dünn besetzt ist, kann der Speicherplatzbedarf durch die Anwendung geeigneter Datenstrukturen deutlich reduziert werden. Die einfachste Datenstruktur ist das COO-Format (auf Englisch: ***coo**rdinate list format*) [SCOT23; SHAH05]. Im COO-Format werden die Nicht-Null-Einträge einer Matrix zusammen mit ihren Koordinaten (d.h. ihren Zeilen- und Spaltenindizes) in drei Vektoren val, $rowIndex$ und $colIndex$ gespeichert. Dieses Format wird in Abb. 2.2 veranschaulicht. Die Matrix A hat 8 Nicht-Null-Einträge, die in val gespeichert werden, wobei die entsprechenden Zeilen- und Spaltenindizes jeweils in $rowIndex$ und $colIndex$ vorhanden sind.

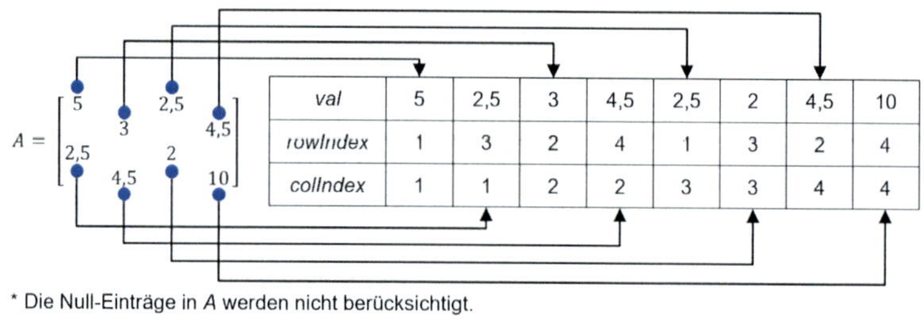

Abbildung 2.2: Dünn besetzte Matrix A im COO-Format

Das COO-Format eignet sich für den Aufbau einer dünn besetzten Matrix. Die mathematischen Operationen auf einer Matrix im COO-Format sind allerdings ineffizient. Daher wird die aufgebaute Matrix typischerweise in das CSR- oder CSC-Format umgeformt. Dabei stehen CSR und CSC für ***C**ompressed **S**parse **R**ow* und ***C**ompressed **S**parse **C**olumn* [SCOT23].

Im CSR-Format wird die Matrix in einer komprimierten zeilenorientierten Form gespeichert, wobei die Nicht-Null-Einträge jeder Zeile und deren Spaltenindizes in zwei Vektoren, val und $colIndex$, gespeichert werden. Zusätzlich wird der Vektor $rowPointer$ gespeichert, der den Startindex jeder Zeile in den Vektoren val und $colIndex$ angibt [BAI00; GREA14; SAAD03; TEWA73]. Das CSR-Format wird in Abb. 2.3 veranschaulicht. Die 8 Nicht-Null-Einträge der Matrix A und ihre Spaltenindizes werden in den Vektoren val und $colIndex$ gespeichert. Da die Startpositionen der vier Zeilen von A in den Vektoren val und $colIndex$ jeweils 1, 3, 5 und 7 sind, werden diese vier Zahlen in $rowPointer$ gespeichert. Hierzu ist zu beachten, dass die Zahl 9 am Ende von $rowPointer$ hinzugefügt wird. Diese Zahl gibt die Position in val und $colIndex$ an, wenn eine neue Zeile in der Matrix A hinzugefügt wird.

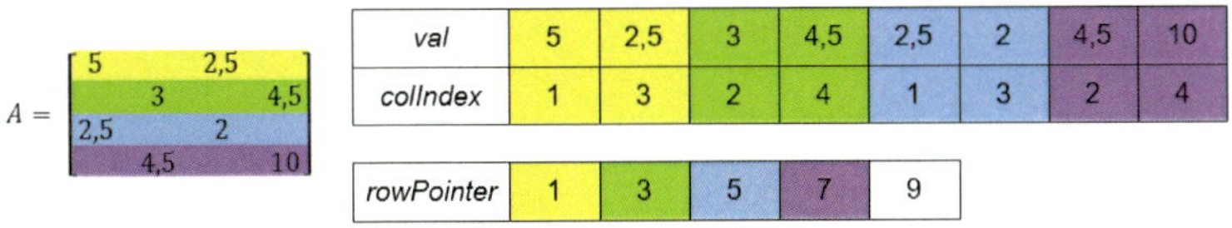

Abbildung 2.3: Dünn besetzte Matrix A im CSR-Format

Das CSC-Format ist eine komprimierte spaltenorientierte Form, die eine ähnliche Struktur wie das CSR-Format aufweist. Die Nicht-Null-Einträge jeder Spalte und ihre Zeilenindizes werden in zwei Vektoren val und $rowIndex$ gespeichert. Zusätzlich wird der Vektor $colPointer$ gespeichert, der den Startindex jeder Spalte in den Vektoren val und $rowIndex$ angibt [BAI00; DUFF89; SAAD03; TEWA73]. Das CSC-Format wird in Abb. 2.4 veranschaulicht.

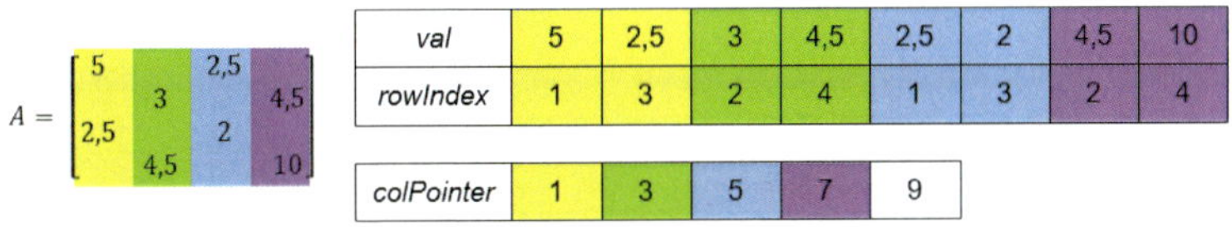

Abbildung 2.4: Dünnbesetzte Matrix A im CSC-Format

In den COO-, CSR- und CSC-Formaten werden nur die Nicht-Null-Einträge der dünn besetzten Matrix gespeichert, was den Speicherplatzbedarf reduziert. Das COO-Format wird normalerweise zum Aufbau der dünn besetzten Matrix verwendet. Anschließend wird das COO-Format typischerweise in das CSR- oder CSC-Format umgeformt, um die Effizienz der mathematischen Matrixoperationen zu erhöhen. Es ist zu beachten, dass die Wahl zwischen den CSR- und CSC-Formaten die Reihenfolge der numerischen Berechnungen während der Cholesky-Zerlegung beeinflusst. Dies wird in Abschnitt 2.3.5 weiter erläutert.

2.3.3 Umordnung der zu zerlegenden Matrix

Reordering of the matrix

Die Umordnung der zu zerlegenden dünn besetzten Matrix K ist ein kritischer Schritt vor der symbolischen Phase der Cholesky-Zerlegung von K. Im Folgenden wird die Matrixumordnung detailliert diskutiert, da sie eine zentrale Bedeutung für die Cholesky-Zerlegung hinsichtlich der Rechenzeit und des Speicherplatzbedarfs hat.

Zum Verständnis der Umordnung der zu zerlegenden dünn besetzten Matrix wird zunächst das Fill-In-Phänomen während der Cholesky-Zerlegung anhand des Beispiels in Gl. 2.3 diskutiert. Auf der linken Seite in Gl. 2.3 ist die Besetzungsstruktur einer dünn besetzten Matrix K, während sich die Besetzungstrukturen des unteren Cholesky-Faktors L und des oberen Cholesky-Faktors L^T auf der rechten Seite befinden. Es ist zu erkennen, dass alle Nullstellen in K nach der Cholesky-Zerlegung durch Nicht-Null-Einträge gefüllt werden. Dieses Phänomen wird als Fill-In bezeichnet [DAVI06; SCOT23]. Das Fill-In führt zu einem hohen Speicherplatzbedarf und einer langen Rechenzeit.

$$\begin{pmatrix} * & * & * & * & * \\ * & * & & & \\ * & & * & & \\ * & & & * & \\ * & & & & * \end{pmatrix} = \begin{pmatrix} * & & & & \\ * & * & & & \\ * & * & * & & \\ * & * & * & * & \\ * & * & * & * & * \end{pmatrix} \begin{pmatrix} * & * & * & * & * \\ & * & * & * & * \\ & & * & * & * \\ & & & * & * \\ & & & & * \end{pmatrix}. \tag{2.3}$$

Durch die Umordnung der Spalten und der Zeilen in K kann das Fill-In vermieden werden. Dies wird in Gl. 2.4 veranschaulicht. Auf der linken Seite in Gl. 2.4 ist die Besetzungsstruktur der umgeordneten Matrix K, wobei sich die Besetzungstrukturen der unteren und der oberen Cholesky-Faktoren auf der rechten Seite befinden. Es ist zu erkennen, dass kein Fill-In auftritt.

$$\begin{pmatrix} * & & & & * \\ & * & & & * \\ & & * & & * \\ & & & * & * \\ * & * & * & * & * \end{pmatrix} = \begin{pmatrix} * & & & & \\ & * & & & \\ & & * & & \\ & & & * & \\ * & * & * & * & * \end{pmatrix} \begin{pmatrix} * & & & & * \\ & * & & & * \\ & & * & & * \\ & & & * & * \\ & & & & * \end{pmatrix}. \tag{2.4}$$

Durch die Beobachtung von Gl. 2.3 und Gl. 2.4 wird folgendes Ziel der Matrixumordnung abgeleitet [DAVI06; SCOT23; TINN67]:

- Umordnung von K: Eine Umordnungsmatrix P wird aufgebaut, um das Fill-In bei der Cholesky-Zerlegung der umgeordneten Matrix P^TKP zu vermeiden oder zu reduzieren. Die nachfolgende Cholesky-Zerlegung wird nicht für K, sondern für P^TKP durchgeführt.

Zum Aufbau der Umordnungsmatrix P wird der Approximate Minimum Degree (AMD) Algorithmus üblicherweise verwendet [AMES96; HEGG02; TINN67]. Dieser Algorithmus entsteht aus der Beobachtung des Eliminationsspiels. Das Eliminationsspiel ist ein mathematisches Werkzeug zur Visualisierung des Gaußschen Eliminationsverfahrens auf Basis der Graphentheorie. In Abb. 2.5 wird das Eliminationsspiel veranschaulicht. Die 5×5 Matrix K auf der linken Seite in Gl. 2.3 wird zunächst als Graph G^0 dargestellt. Die Knoten von 1 bis 5 repräsentieren die fünf Spalten und Zeilen der Matrix K, wobei die vier Kanten $(1 \leftrightarrow 2)$, $(1 \leftrightarrow 3)$, $(1 \leftrightarrow 4)$ und $(1 \leftrightarrow 5)$ die Stellen der nicht-diagonalen Nicht-Null-Einträge in K markieren. Anschließend wird das Eliminationsspiel gestartet. Die Regel des Eliminationsspiels ist:

- Wenn ein Knoten j im Graph gelöscht wird, werden neue Kanten zwischen allen mit dem Knoten j verbundenen Knoten hinzugefügt.

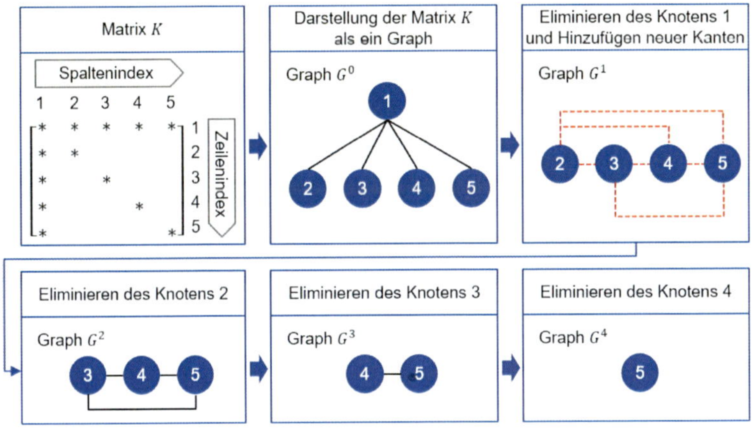

Abbildung 2.5: Eliminationsspiel der Matrix K

Daher entsteht der neue Graph G^1 nach der Elimination des Knotens 1. Im Graph G^1 wird eine Menge $E^{\Delta 1}$ rot markierter Kanten $(2 \leftrightarrow 3)$, $(2 \leftrightarrow 4)$, $(2 \leftrightarrow 5)$, $(3 \leftrightarrow 4)$, $(3 \leftrightarrow 5)$ und $(4 \leftrightarrow 5)$ zwischen den Knoten 2, 3, 4 und 5 hinzugefügt. Dieser Prozess setzt sich fort, bis nur noch der Knoten 5 im Graph G^4 vorhanden ist. Es ist zu beachten, dass aufgrund der besonderen Besetzungsstruktur von K nur neue Kanten in der Menge $E^{\Delta 1}$ nach der Elimination des Knotens 1 hinzugefügt werden. Diese neuen Kanten in der Menge $E^{\Delta 1}$

haben genau die folgenden Fill-In-Stellen in dem oberen Cholesky-Faktor L^T auf der rechten Seite in Gl. 2.3 markiert:

- Fill-In-Stellen auf der zweiten Zeile in L^T: $(2,3), (2,4), (2,5)$,
- Fill-In-Stellen auf der dritten Zeile in L^T: $(3,4), (3,5)$,
- Fill-In-Stelle auf der vierten Zeile in L^T: $(4,5)$.

Da der untere Cholesky-Faktor L die Transponierte des oberen Cholesky-Faktors L^T ist, werden die Fill-In-Stellen in L ebenfalls durch die Kanten in $E^{\Delta 1}$ markiert. Die in Gl. 2.3 und in Abb. 2.5 beobachtete Markierung der Fill-In-Stellen der Cholesky-Faktoren durch die hinzugefügten Kanten während des Eliminationsspiels bildet die grundlegende Idee des AMD-Algorithmus [AMES96; DOLL10]:

- Zur Reduktion des Fill-Ins muss die Anzahl der hinzugefügten Kanten während des Eliminationsspiels reduziert werden. Die Aufgabe des AMD-Algorithmus besteht darin, eine Reihenfolge zur Elimination der Knoten im Eliminationsspiel zu suchen, die die Anzahl der hinzugefügten Kanten minimiert.

Auf Basis dieser grundlegenden Idee besteht der AMD-Algorithmus aus den folgenden Schritten:

- Für jeden Knoten im Graph: Berechnung einer approximierten Anzahl neuer Kanten, die durch die Eliminierung des Knotens entstehen,
- Suche des Knotens j, der mit der kleinsten approximierten Anzahl neuer Kanten verbunden ist,
- Löschen des Knotens j aus dem Graph und Hinzufügen neuer Kanten,
- Fortsetzung der ersten drei Schritte, bis nur noch ein Knoten im Graph vorhanden ist,
- Aufbau einer Umordnungsmatrix P auf Basis der Reihenfolge der Eliminierung der Knoten.

Die Umordnung der zu zerlegenden dünn besetzten Matrix K ist erforderlich zur Reduktion des Fill-Ins. Zur Matrixumordnung wird üblicherweise der AMD-Algorithmus verwendet, der aus der Beobachtung des Eliminationsspiels entwickelt wird. Nach der Matrixumordnung wird die symbolische Phase der Cholesky-Zerlegung durchgeführt, die im nächsten Abschnitt diskutiert wird.

2.3.4 Symbolischen Phase der Cholesky-Zerlegung

Symbolic phase of the Cholesky decomposition

Die symbolische Phase der Cholesky-Zerlegung ist ein vorbereitender Schritt, der nach der Umordnung der zu zerlegenden Matrix durchgeführt wird, bevor die eigentlichen numerischen Berechnungen der Cholesky-Zerlegung stattfinden.

Da die Matrix K vor der symbolischen Phase umgeordnet wird, wird die ursprüngliche Cholesky-Zerlegung umgeformt:

$$K_{um} = P^T K P, \tag{2.5}$$

$$K_{um} = G G^T, \tag{2.6}$$

mit:

- K_{um}: umgeordnete Systemsteifigkeitsmatrix,
- P: Umordnungsmatrix,
- P^T: transponierte Matrix von P,
- G: unterer Cholesky-Faktor von K_{um},
- G^T: oberer Cholesky Faktor von K_{um}.

Das Ziel der symbolischen Phase besteht darin, die Besetzungsstruktur $\mathcal{S}\{G\}$ des Cholesky-Faktors G auf Basis der Besetzungsstruktur $\mathcal{S}\{K_{um}\}$ der umgeordneten Systemsteifigkeitsmatrix K_{um} zu ermitteln, ohne die numerischen Werte der Matrixeinträge in G zu bestimmen.

Bei der Cholesky-Zerlegung einer dicht besetzten Matrix wird jede Spalte des Cholesky-Faktors auf Basis aller vorhergehenden Spalten dieses Cholesky-Faktors berechnet (siehe Abschnitt 2.3.1). Der grundlegende Unterschied zwischen den Cholesky-Zerlegungen einer dicht besetzten Matrix und einer dünn besetzten Matrix besteht darin, dass bei letzterer jede Spalte von G nur von einer Teilmenge der vorhergehenden Spalten abhängt. In der symbolischen Phase werden die Abhängigkeiten zwischen den Spalten von G durch einen gerichteten Graph $etree = (\mathcal{V}, \mathcal{E})$ beschrieben [LIU86; LIU90; SCHR82]. Dieser gerichtete Graph wird normalerweise als Eliminationsbaum bezeichnet. In der Menge $\mathcal{V}$ werden Knoten $1, 2, ..., n$ gespeichert, wobei n die Ordnung der Matrix ist. In der Menge $\mathcal{E}$ werden die gerichteten Kanten $(j \rightarrow parent(j))$ für alle $j \subseteq \mathcal{V}$ gespeichert. Hierbei ist $parent(j)$ der Zeilenindex des ersten Nicht-Null-Eintrags in j-ter Spalte von G:

$$parent(j) = min\{i | i > j \quad und \quad g_{ij} \neq 0\} \tag{2.7}$$

Wenn kein i die definierten Bedingungen in Gl. 2.7 erfüllen kann, wird $parent(j)$ auf 0 gesetzt.

In Gl. 2.7 wird angenommen, dass die Besetzungsstruktur des Cholesky-Faktors G bereits bekannt ist, um $parent(j)$ zu definieren. Es ist allerdings möglich und in der Praxis üblich, $parent(j)$ ausschließlich auf Basis der Besetzungsstruktur der Matrix K_{um} zu bestimmen und somit den Eliminationsbaum aufzubauen. Auf Grundlage des Eliminationsbaums kann die Besetzungsstruktur des Cholesky-Faktors G folgendermaßen ermittelt werden:

- Wenn i und j Knoten von $etree\ \mathcal{T}$ sind, mit $j < i$ und $k_{um,ij} = 0$, dann ist $g_{ij} \neq 0$ nur, wenn es einen Knoten $b < j$ gibt, sodass $j \in anc\mathcal{T}(b)$ und $k_{um,ib} \neq 0$. Hierbei ist $anc\mathcal{T}(b)$ die Menge der Knoten in $etree\ \mathcal{T}$, von denen aus der Knoten b erreichbar ist. Diese Menge wird als $ancestors$ von b bezeichnet.

In der symbolischen Phase der Choleksy-Zerlegung ist ausschließlich die Besetzungsstruktur $\mathcal{S}\{K_{um}\}$ der umgeordneten Matrix K_{um} berücksichtigt. Auf Basis von $\mathcal{S}\{K_{um}\}$ wird die Besetzungsstruktur $\mathcal{S}\{G\}$ des Cholesky-Faktors G bestimmt. Die Besetzungsstruktur $\mathcal{S}\{G\}$ wird in der numerischen Phase der Cholesky-Zerlegung weiterverwendet, die im nächsten Abschnitt thematisiert wird.

2.3.5 Numerische Phase der Cholesky-Zerlegung

Numerical phase of the Cholesky factorization

Nach der symbolischen Phase folgt die numerische Phase der Cholesky-Zerlegung, in der die numerischen Einträge des Cholesky-Faktors G berechnet werden. Durch die Anpassung von Algorithmus 1 für die dicht besetzte Matrix entsteht Algorithmus 2 zur numerischen Cholesky-Zerlegung der dünn besetzten Matrix [SCOT23]:

Algorithmus 2 links-sehende Cholesky-Zerlegung für dünn besetzte Matrix

Eingabe 1: umgeordnete Matrix K_{um}.

Eingabe 2: Besetzungsstruktur $\mathcal{S}\{G\}$ des Cholesky-Faktors G.

Ausgabe: unterer Cholesky-Faktor G.

1: Bereitstellung des Speicherplatzes zur Speicherung von G im CSC-Format.
2: $g_{ij} = k_{um,ij}$, wenn $(i,j) \in \mathcal{S}\{G\}$.
3: **for** $j = 1 : n$ **do**
4:    **for** $k \in \{k < j | g_{jk} \neq 0\}$ **do**
5:       **for** $i \in \{i | g_{ik} \neq 0\}$ **do**
6:          $g_{ij} = g_{ij} - g_{ik}g_{jk}$
7:       **end for**
8:    **end for**
9:    $g_{jj} = (g_{jj})^{1/2}$
10:    **for** $i \in \{i > j | g_{ij} \neq 0\}$ **do**
11:       $g_{ij} = g_{ij}/g_{jj}$
12:    **end for**
13: **end for**

In Algorithmus 2 wird zunächst der Speicherplatz von G auf Basis der Besetzungsstruktur $\mathcal{S}\{G\}$ bereitgestellt (Zeile 1). Anschließend wird der Cholesky-Faktor G initialisiert, indem die Matrixeinträge aus K_{um} für alle Nicht-Null-Stellen in G kopiert werden, wobei die Nicht-Null-Stellen in G durch die Besetzungsstruktur $\mathcal{S}\{G\}$ markiert sind (Zeile 2). Schließlich werden die numerischen Einträge des Cholesky-Faktors G spaltenweise berechnet (Zeilen: 3 bis 13). Diese spaltenweise Berechnung ist auch in Algorithmus 1 für die dicht besetzte Matrix zu finden. Die Besonderheit in Algorithmus 2 besteht darin, dass die Nicht-Null-Stellen in G durch $\mathcal{S}\{G\}$ markiert sind und nur die Matrixeinträge an diesen Stellen spaltenweise berechnet werden.

In der numerischen Phase der Cholesky-Zerlegung werden die Matrixeinträge des Cholesky-Faktors G auf Basis der umgeordneten Matrix K_{um} und der in der symbolischen Phase bestimmten Besetzungsstruktur $\mathcal{S}\{G\}$ berechnet. Nach der Durchführung der numerischen Phase ist die Cholesky-Zerlegung der dünn besetzten Matrix abgeschlossen. Der durch die Cholesky-Zerlegung entstehende Cholesky-Faktor G wird zur Lösung des statischen Gleichungssystems Gl. 2.1 weiterverwendet. Der anschließende Lösungsprozess wird im nächsten Abschnitt 2.3.6 dargestellt.

2.3.6 Lösung von Gleichungssystemen in Dreiecksform

Solution of triangular equation system

Nachdem die Cholesky-Zerlegung durchgeführt wurde, wird das statische Gleichungssystem Gl. 2.1 in die Dreiecksform umgeformt. Zum Aufbau der Dreiecksform werden zunächst die beiden Seiten in Gl. 2.1 mit der Transponierten P^T der Umordnungsmatrix P multipliziert:

$$P^T K u = P^T r. \tag{2.8}$$

Anschließend wird eine Einheitsmatrix I auf die linke Seite von Gl. 2.8 hinzugefügt:

$$P^T K I u = P^T r. \tag{2.9}$$

Da die Transponierte P^T einer Umordnungsmatrix P ebenfalls die Inverse P^{-1} ist [HORN12; PISS84], ergibt sich

$$I = PP^{-1} = PP^T. \tag{2.10}$$

Durch den Einsatz von Gl. 2.10 in Gl. 2.9 ergibt sich

$$P^T K P P^T u = P^T r. \tag{2.11}$$

Da $P^T K P$ die umgeordnete Matrix K_{um} ist, kann Gl. 2.11 weiter umgeformt werden:

$$K_{um}(P^T u) = P^T r. \tag{2.12}$$

Nach dem Ersetzen der Matrix K_{um} durch ihre Cholesky-Faktoren GG^T in Gl. 2.12 entstehen zwei Gleichungssystemen, Gl. 2.13 und Gl. 2.14, in Dreiecksform:

$$Gv = P^T r, \tag{2.13}$$

$$G^T(P^T u) = v. \tag{2.14}$$

Da der untere Cholesky-Faktor G eine untere Dreiecksmatrix ist, wird der Vektor v in Gl. 2.13 durch Vorwärtssubstitution berechnet. Anschließend wird der Vektor $P^T u$ in Gl. 2.14 durch Rückwärtssubstitution bestimmt [SCOT23], da der obere Cholesky-Faktor G^T eine obere Dreiecksmatrix ist. Der letzte Schritt ist die Berechnung des gesuchten Verlagerungsvektor u:

$$u = P(P^T u). \tag{2.15}$$

Die Cholesky-Methode ist eine häufig verwendete direkte Methode zur Lösung statischer Gleichungssysteme. Diese Methode beginnt mit der Umordnung der Steifigkeitsmatrix, um das Fill-In der Cholesky-Zerlegung zu reduzieren. Nach der Matrixumordnung wird die symbolische Phase der Cholesky-Zerlegung durchgeführt, um die Besetzungsstruktur der

Cholesky-Faktoren zu bestimmen. Anschließend werden in der numerischen Phase die Werte der Matrixeinträge der Cholesky-Faktoren auf Basis der umgeordneten Steifigkeitsmatrix und der Besetzungsstruktur der Cholesky-Faktoren berechnet. Mit den berechneten Choleky-Faktoren wird das statische Gleichungssystem in Dreiecksform umgeformt. Durch die Lösung der dreieckigen Gleichungssystemen wird der Verlagerungsvektor des statischen Problems gefunden.

Alternativ zur direkten Cholesky-Methode kann das statische Problem auch iterativ gelöst werden. Die iterativen Lösungsmethoden werden in Abschnitt 2.4 aufgeführt.

2.4 Iterative Lösungsmethoden zur Lösung statischer Probleme

Iterative solution methods for solving static problems

Iterative Lösungsmethoden, wie die Gauss-Seidel-Methode [SEID73] und die konjugierte Gradientenmethode (KG-Methode) [HEST52], basieren auf einer schrittweisen Annäherung an die Lösung des statischen Gleichungssystems Gl. 2.1. Sie sind besonders geeignet für große Matrizen, die häufig in der Praxis der Finite-Elemente-Methode (FEM) auftreten. Die KG-Methode ist aufgrund ihrer hohen Effizienz und Robustheit weit verbreitet [HACK16; HEST52; SZEL22; VAN 86]. Zur Herleitung der KG-Methode wird die quadratische Funktion f betrachtet [BATH14; SHEW94]:

$$f(x) = \frac{1}{2}x^T Kx - x^T r. \tag{2.16}$$

Durch den Ersatz des Vektors x durch den Vektor $x + e$ ergibt sich:

$$\begin{aligned} f(e+x) &= \frac{1}{2}(x+e)^T K(x+e) - (x+e)^T r \\ &= \frac{1}{2}x^T Kx + e^T Kx + \frac{1}{2}e^T Ke - r^T x - r^T e \\ &= \frac{1}{2}x^T Kx - r^T x + \frac{1}{2}e^T Ke + e^T Kx - e^T r \\ &= f(x) + \frac{1}{2}e^T Ke + e^T(Kx - r). \end{aligned} \tag{2.17}$$

Wenn x die Lösung von Gl. 2.1 ist, ist $Kx - r = 0$. Somit ist

$$f(e+x) = f(x) + \frac{1}{2}e^T Ke. \tag{2.18}$$

Da K positiv definit ist, ist $\frac{1}{2}e^T Ke$ ein positiver Skalar [GOLU13]. Daher ist

$$f(e+x) > f(e+x) - \frac{1}{2}e^T Ke = f(x). \tag{2.19}$$

Diese Ungleichung kann wie folgt formuliert werden:

- Durch den Einsatz des Lösungsvektors des statischen Problems Gl. 2.1 wird die quadratische Funktion $f(x)$ minimiert. Eine beliebige Abweichung e führt zu einer Vergrößerung der quadratischen Funktion $f(x)$.

Aus dieser Formulierung ergibt sich die grundlegende Idee der KG-Methode:

- Durch eine Reihe von Aktualisierungen des Vektors x kann der Wert der Funktion $f(x)$ iterativ reduziert werden. Wenn der Wert von $f(x)$ durch eine Änderung von x nicht weiter reduziert werden kann, ist der zuletzt verwendete Vektor x die Lösung des statischen Gleichungssystems Gl. 2.1.

Auf Basis dieser grundlegenden Idee besteht die KG-Methode aus den folgenden wesentlichen Schritten:

- Auswahl eines Start-Iterationsvektors u^0: u^0 ist die Vermutung des realen Verlagerungsvektors u. Wenn u auf Basis der vorhandenen Randbedingungen nicht gut geschätzt werden kann, wird u^0 oft als Nullvektor gesetzt.
- Berechnung des Residuums e^0:

$$e^0 = r - Ku^0, \tag{2.20}$$

- Wenn das folgende Konvergenzkriterium erfüllt ist:

$$\frac{\parallel e \parallel}{\parallel r \parallel} < \epsilon, \tag{2.21}$$

  wird der Lösungsprozess beendet. u^0 ist der gesuchte reale Verlagerungsvektor. Hierbei sind $\parallel e \parallel$ und $\parallel r \parallel$ die Vektornormen von e und r. Der Skalar ϵ ist die definierte Konvergenztoleranz.
- Wenn das Konvergenzkriterium Gl. 2.21 nicht erfüllt ist, setze:

$$p^0 = e^0, \tag{2.22}$$

  dann berechne für $s = 0, 1, 2, \ldots$:

$$\alpha_s = \frac{(e^s)^T e^s}{((p^s)^T p^s)}, \tag{2.23}$$

$$u^{s+1} = u^s + \alpha_s p^s, \tag{2.24}$$

$$e^{s+1} = e^s - \alpha_s K p^s, \tag{2.25}$$

$$\beta_s = \frac{(e^{s+1})^T e^{s+1}}{(e^s)^T e^s}, \tag{2.26}$$

$$p^{s+1} = e^{s+1} + \beta_s p^s. \tag{2.27}$$

Bei der KG-Methode wird zunächst ein Start-Iterationsvektor u^0 ausgewählt. Anschließend wird dieser Vektor zwischen den Gleichungen Gl. 2.23 und Gl. 2.27 iterativ aktualisiert, um die Funktion $f(x)$ (siehe Gl. 2.16) und das Residuum e zu reduzieren. Der Iterationsprozess zwischen den Gleichungen Gl. 2.23 und Gl. 2.27 setzt sich fort, bis das Konvergenzkriterium Gl. 2.21 erfüllt ist. Es ist dabei zu beachten, wenn der ausgewählte Start-Iterationsvektor u^0 genau die richtige Lösung u des statischen Problems Gl. 2.1 ist, wird der Lösungsprozess nach erster Prüfung des Konvergenzkriteriums Gl. 2.21 beendet.

Die KG-Methode ist eine robuste iterative Methode zur Lösung des statischen Gleichungssystems. Im Gegensatz zur direkten Cholesky-Methode ist der Rechenzeitbedarf der KG-Methode nicht proportional zur Anzahl der Freiheitsgrade, sondern hängt von der Anzahl der erforderlichen Iterationen ab. Daher ist die KG-Methode besonders attraktiv, wenn eine schnelle Konvergenz durch den Einsatz geeigneter Beschleunigungsmethoden erreicht werden kann.

2.5 Mathematische Beschreibung eines dynamischen Problems

Mathematical formulation of a dynamic problem

Zur Berechnung der Schwingung eines FE-Systems wird das folgende dynamische Gleichungssystem gelöst [BATH14]:

$$M\ddot{u}_{(t)} + D\dot{u}_{(t)} + Ku_{(t)} = r_{(t)}, \tag{2.28}$$

mit:

- M: zeitinvariante Systemmassmatrix,
- D: zeitinvariante Systemdämpfungsmatrix,
- K: zeitinvariante Systemstifigkeitsmatrix,
- $u_{(t)}$: Verlagerungsvektor als Funktion der Zeit,
- $\dot{u}_{(t)}$: Geschwindigkeitsvektor (erste Zeitableitung von $u_{(t)}$),

- $\ddot{u}_{(t)}$: Beschleunigungsvektor (zweite Zeitableitung von $u_{(t)}$),
- $r_{(t)}$: Vektor der äußeren Kräfte als Funktion der Zeit.

Das Gleichungssystem Gl. 2.28 kann im Zeitbereich gelöst werden [CHAN10; NOH13]. Der entsprechende Rechenzeitbedarf ist allerdings sehr groß. Zur Reduktion des Rechenzeitbedarfs wird das dynamische Problem typischerweise im Frequenzbereich analysiert. Der Kern der Analyse des dynamischen Problems im Frequenzbereich ist die Lösung des generalisierten Eigenwertproblems [BATH14; GOLU00; SAAD11]:

$$K\Phi = M\Phi\Lambda, \tag{2.29}$$

mit:

- Φ: Eigenvektoren,
- Λ: Eigenwertmatrix (eine Diagonalmatrix, in der die Eigenwerte aufgelistet werden).

Die Ergebnisse der Lösung des Eigenwertproblems sind die Eigenvektoren Φ und die entsprechenden Eigenwerte Λ. Da Φ und Λ die zeitinvarianten Eigenschaften eines FE-Systems beschreiben, ist die Lösung des Eigenwertproblems von zentraler Bedeutung. Die Methoden zur Lösung des Eigenwertproblems können hierzu in drei Gruppen unterteilt werden:

- Methoden zur Annäherung der Lösung des Eigenwertproblems,
- Methoden zur Lösung des Eigenwertproblems mit wenigen Freiheitsgraden,
- Methoden zur Lösung des Eigenwertproblems mit vielen Freiheitsgraden.

Die drei Gruppen werden in den folgenden Abschnitten 2.6 bis 2.8 detailliert diskutiert.

2.6 Methoden zur Annäherung der Lösung des Eigenwertproblems

Methods for approximating the solution of the eigenvalue problem

Die exakte Lösung von Eigenwertproblemen bei großen FE-Systemen kann zeitaufwendig sein. Um den Rechenaufwand zu reduzieren und eine angemessene Annäherung der Eigenwerte und Eigenvektoren zu ermöglichen, werden verschiedene Näherungsmethoden entwickelt, z. B. die statische Kondensation, die Komponenten-Moden-Synthese und das Ritz-Verfahren. Davon ist das Ritz-Verfahren von besonderer Bedeutung, da die Unterraum-Iterationsmethode darauf basiert, welche eine der wichtigsten numerischen Methoden zur Lösung des Eigenwertproblems ist. Im Folgenden wird das Ritz-Verfahren detailliert diskutiert.

Zum Verständnis des Ritz-Verfahrens wird zunächst der Begriff des Rayleigh-Quotienten erläutert. Aus Gl. 2.29 ergibt sich die Beziehung zwischen dem Eigenwert λ_i und der Eigenform ϕ_i:

$$\lambda_i = \omega_i^2 = \frac{\phi_i^T K \phi_i}{\phi_i^T M \phi_i} \tag{2.30}$$

Diese Beziehung inspiriert den Aufbau des Rayleigh-Quotienten R [TREF22; WITT13]:

$$R = \frac{Q^T K Q}{Q^T M Q}. \tag{2.31}$$

Hierbei ist Q ein beliebiger Spaltenvektor mit n Einträgen, wobei n die Anzahl der Freiheitsgrade von Gl. 2.29 ist. Der Spaltenvektor Q kann als Linearkombination der n Eigenvektoren von Gl. 2.29 dargestellt werden:

$$Q = a_1\phi_1 + a_2\phi_2 + \cdots + a_n\phi_n. \tag{2.32}$$

Die Eigenvektoren besitzen eine wichtige Orthogonalitätseigenschaft:

$$\phi_i^T M \phi_j = \phi_i^T K \phi_j = 0, \tag{2.33}$$

wobei $i \neq j$ gilt. Das Einsetzen von Gl. 2.32 in Gl. 2.31 unter Berücksichtigung von Gl. 2.33 ergibt:

$$R = \frac{a_1^2\phi_1^T K \phi_1 + a_2^2\phi_2^T K \phi_2 + \cdots + a_n^2\phi_n^T K \phi_n}{a_1^2\phi_1^T M \phi_1 + a_2^2\phi_2^T M \phi_2 + \cdots + a_n^2\phi_n^T M \phi_n}. \tag{2.34}$$

Eine andere wichtige Eigenschaft der Eigenvektoren ist die Skalierbarkeit:

- Wenn ϕ ein Eigenvektor eines Eigenwertproblems ist, ist $a\phi$ auch ein Eigenvektor dieses Eigenwertproblems, wobei $a \neq 0$ gilt.

Daher sind die Einträge der Eigenvektoren beliebig skalierbar. Zur Festlegung der Einträge werden die Eigenvektoren typischerweise wie folgt normiert:

$$\phi_i^T M \phi_i = c^2. \tag{2.35}$$

Dabei ist c^2 ein beliebiger positiver Wert. Dieser Wert ist für alle $i = 1, \cdots, n$ dieselbe Konstante. Das Einsetzen von Gl. 2.35 in Gl. 2.30 ergibt:

$$\phi_i^T K \phi_i = c^2\lambda_i = c^2\omega_i^2. \tag{2.36}$$

Auf Basis von Gl. 2.35 und Gl. 2.36 kann Gl. 2.34 vereinfacht werden:

$$R = \frac{a_1^2\omega_1^2 + a_2^2\omega_2^2 + \cdots + a_n^2\omega_n^2}{a_1^2 + a_2^2 + \cdots + a_n^2}. \tag{2.37}$$

Da $\omega_1^2 \leq \omega_2^2 \leq \cdots \leq \omega_n^2$ gilt, ist der Rayleigh-Quotient R eine obere Schranke für ω_1^2:

$$\omega_1^2 \leq R = \frac{Q^T K Q}{Q^T M Q}. \tag{2.38}$$

Wenn eine gute Näherung für den ersten Eigenvektor vorliegt, kann der Rayleigh-Quotient den ersten Eigenwert zuverlässig approximieren. In realen Anwendungen ist es jedoch typischerweise erforderlich, mehrere Eigenpaare zu berechnen. Hierfür kann das Ritz-Verfahren verwendet werden [BATH14; DEMM97; RITZ09]. Das Ritz-Verfahren dient der Annäherung der ersten m Eigenpaare eines Eigenwertproblems mit n Freiheitsgraden ($n \geq m$) und umfasst die folgenden Schritte [BATH14; JIA01]:

- Aufbau der Ritz-Basisvektoren $\psi_1, \psi_2, \cdots, \psi_m \in \mathcal{R}^{n\times 1}$: Dabei sind die Ritz-Basisvektoren linear unabhängig. Diese Ritz-Basisvektoren werden in einer Matrix $\Psi \in \mathcal{R}^{n\times m}$ gespeichert:

$$\Psi = [\psi_1, \psi_2, \cdots, \psi_m]. \tag{2.39}$$

- Projektion der Steifigkeits- und Massenmatrizen K und M in einen Vektorraum mit m Freiheitsgraden:

$$\tilde{K} = \Psi^T K \Psi, \tag{2.40}$$

$$\tilde{M} = \Psi^T M \Psi, \tag{2.41}$$

  mit:

  - $\tilde{K}$: $m \times m$ projizierte Steifigkeitsmatrix,
  - $\tilde{M}$: $m \times m$ projizierte Massenmatrix,

- Lösung des projizierten Eigenwertproblems:

$$\tilde{K} X = \tilde{M} X \tilde{\Lambda}, \tag{2.42}$$

  mit:

  - X: $m \times m$ Matrix zur Speicherung der Eigenvektoren des projizierten Eigenwertproblems,
  - $\tilde{\Lambda}$: $m \times m$ diagonale Matrix zur Speicherung der Eigenwerte des projizierten Eigenwertproblems. Diese Eigenwerte stellen eine Annäherung der ersten m Eigenwerte von Gl. 2.29 dar und werden als Ritz-Werte bezeichnet.

- Berechnung der Ritz-Vektoren $\tilde{\Phi} \in \mathcal{R}^{n\times m}$ als Annäherung der ersten m Eigenvektoren von Gl. 2.29:

$$\tilde{\Phi} = \Psi X. \tag{2.43}$$

Die in der diagonalen Matrix $\tilde{\Lambda}$ gespeicherten Ritz-Werte sind die oberen Schranken der Eigenwerte von Gl. 2.29:

$$\lambda_i \leq \tilde{\lambda}_i, \tag{2.44}$$

mit:

- λ_i: i-ter Eigenwert von Gl. 2.29,
- $\tilde{\lambda}_i$: i-ter Ritz-Wert in $\tilde{\Lambda}$.

Zusammenfassend reduziert das Ritz-Verfahren das Eigenwertproblem mit vielen Freiheitsgraden (Gl. 2.29) auf ein Eigenwertproblem mit wenigen Freiheitsgraden (Gl. 2.29). Daher ist das Ritz-Verfahren eine effiziente Methode zur Annäherung der Eigenwerte und der entsprechenden Eigenvektoren. Allerdings kann die Genauigkeit der berechneten Ergebnisse durch die Reduktion der Systemkomplexität nicht garantiert werden. Aus diesem Grund wird das Ritz-Verfahren selten für reale Probleme verwendet. Die grundlegende Idee des Ritz-Verfahrens, ein komplexes Eigenwertproblem auf ein einfaches Eigenwertproblem zu reduzieren, hat aber die Entwicklung mehrerer wichtiger numerischer Lösungsmethoden (z. B. Unterraum-Iterationsmethode) inspiriert.

2.7 Methoden zur Lösung des Eigenwertproblems mit wenigen Freiheitsgraden

Methods for solving the eigenvalue problem with few degrees of freedom

Zur Lösung des Eigenwertproblems mit wenigen Freiheitsgraden können verschiedene numerische Methoden verwendet werden. Davon sind die Householder-QR-Methode [FRAN61; FRAN62; KUBL62; WATK82] und die Jacobi-Methode [JACO46; SAME71; WILK71] weit verbreitet. Diese beiden Methoden sind geeignet, gleichzeitig alle Eigenpaare (die Eigenwerte und die zugehörigen Eigenvektoren) für dicht besetzte, kleine bis mittlere Matrizen zu liefern. Der Nachteil der Householder-QR-Methode ist, dass diese Methode nur direkt für das standardisierte Eigenwertproblem anwendbar ist:

$$K\Phi = \Phi\Lambda. \tag{2.45}$$

In dieser Dissertation ist das generalisierte Eigenwertproblem Gl. 2.29 relevant. Daher wird im Folgenden die Jacobi-Methode detailliert diskutiert, die das generalisierte Eigenwertproblem lösen kann. Die Jacobi-Methode wird auf Basis der folgenden Gleichungen abgeleitet:

$$\Phi^T K \Phi = \Lambda, \tag{2.46}$$

$$\Phi^T M \Phi = I. \tag{2.47}$$

Dabei ist zu beachten, dass die Eigenwertmatrix Λ und die Einheitsmatrix I diagonale Matrizen sind. Daher wird eine wichtige Eigenschaft des Eigenwertproblems in Gl. 2.46 und Gl. 2.47 gezeigt:

- Durch die Vor- und Nachmultiplikationen mit Φ^T und Φ werden die Matrizen K und M diagonalisiert. Die entstehenden diagonalen Matrizen sind die Eigenwertmatrix Λ und die Einheitsmatrix I.

Diese Eigenschaft inspiriert die grundlegende Idee der Jacobi-Methode:

- Durch sukzessive Vor- und Nachmultiplikationen mit einer Folge geeigneter Matrizen können K und M diagonalisiert werden. Nach dem Diagonalisierungsprozess sind die Eigenvektoren und Eigenwerte bekannt.

Diese grundlegende Idee der Jacobi-Methode kann auch mathematisch beschrieben werden:

- Initialisierung: $K_1 = K$, $M_1 = M$,
- Erste Iteration: $K_2 = P_1^T K_1 P_1, M_2 = P_1^T M_1 P_1,$
- Zweite Iteration: $K_3 = P_2^T K_2 P_2, M_3 = P_2^T M_2 P_2,$
- ...
- m-te Iteration: $K_{m+1} = P_m^T K_m P_m, M_{m+1} = P_m^T M_m P_m,$
- ...
- Letzte Iteration: $K_{l+1} = P_l^T K_l P_l, M_{l+1} = P_l^T M_l P_l$. Der Iterationsprozess wird beendet, wenn K_{l+1} und M_{l+1} diagonale Matrizen sind.
- Die Eigenvektoren werden durch sukzessive Multiplikationen der Matrizen $P_1, P_1, \cdots, P_l$ berechnet:

$$\Phi = P_1 P_1 \cdots P_l. \tag{2.48}$$

- Die Eigenwerte Λ werden in Gl. 2.46 berechnet.

Zur Erklärung des oben aufgeführten Iterationsprozesses wird die m-te Iteration genau betrachtet, wobei m ein beliebiger Index ist. Der Kern der m-ten Iteration besteht im Aufbau der Matrix P_m. Die Matrix P_m wird so aufgebaut, dass jeweils ein nichtdiagonaler Eintrag in K_m und M_m durch die Vor- und Nachmultiplikationen zu Null gewandelt wird. Durch eine

Vielzahl der Iterationen werden alle nichtdiagonalen Einträge in K und M zu Null, sodass der Diagonalisierungsprozess von K und M sowie der Lösungsprozess des Eigenwertproblems abgeschlossen sind.

Zusammenfassend ist die Jacobi-Methode eine effiziente und genaue Methode zur Lösung des Eigenwertproblems mit wenigen Freiheitsgraden. Mit der Jacobi-Methode werden alle Eigenvektoren Φ und die entsprechenden Eigenwerte Λ gleichzeitig berechnet. In der Praxis ist jedoch oft nur die Berechnung der ersten Eigenpaare erforderlich. Daher wird die Jacobi-Methode normalerweise nicht zur Lösung des Eigenwertproblems mit vielen Freiheitsgraden direkt verwendet, sondern in andere Methoden (z. B. Unterraum-Iterationsmethode) integriert, bei denen das komplizierte Eigenwertproblem auf ein einfacheres Eigenwertproblem mit wenigen Freiheitsgraden reduziert wird.

2.8 Methoden zur Lösung des Eigenwertproblems mit vielen Freiheitsgraden

Methods for solving the eigenvalue problem with many degrees of freedom

Die genaue Berechnung aller Eigenpaare eines Eigenwertproblems ist rechenintensiv, wenn die Anzahl n der Freiheitsgrade des Eigenwertproblems groß ist. In der Praxis ist die Berechnung der ersten q Eigenpaare normalerweise ausreichend, wobei $q \ll n$ ist. Zur Berechnung der ersten q Eigenpaare ist die Unterraum-Iterationsmethode einfach und effizient [BATH13; BATH14].

Die grundlegende Idee des Ritz-Verfahrens, ein kompliziertes Eigenwertproblem auf ein einfaches Eigenwertproblem zu reduzieren, hat die Entwicklung der Unterraum-Iterationsmethode inspiriert. In der Unterraum-Iterationsmethode wird das Eigenwertproblem mit vielen Freiheitsgraden auf einen Unterraum mit wenigen Freiheitsgraden projiziert. Nach der Projektion kann das Eigenwertproblem im Unterraum mit der Jacobi-Methode effizient gelöst werden. Diese Unterraum-Iterationsmethode kann folgendermaßen zusammengefasst werden [BATH13; BATH14; BATH71; BATH73; KIM17; SEDE10]:

- Auswahl der q Start-Iterationsvektoren X_1, wobei q größer als die Anzahl p der zu berechnenden Eigenpaare ist:

$$X_1 = [x_{1,1}, x_{1,2}, \cdots, x_{1,q}], \tag{2.49}$$

- Iterativer Aufbau und Lösung des Eigenwertproblems im Unterraum für $k = 1, 2, \cdots$:

$$K\overline{X}_{k+1} = MX_k, \tag{2.50}$$

$$K_{k+1} = \overline{X}_{k+1}^T K \overline{X}_{k+1}, \tag{2.51}$$

$$M_{k+1} = \overline{X}_{k+1}^T M \overline{X}_{k+1}, \tag{2.52}$$

$$K_{k+1} Q_{k+1} = M_{k+1} Q_{k+1} \Lambda_{k+1}, \tag{2.53}$$

mit:

- X_k ($n \times q$ Matrix): Näherung der ersten q Eigenvektoren des ursprünglichen Eigenwertproblems Gl. 2.29 in der Iteration $k-1$,
- $\overline{X}_{k+1}$ ($n \times q$ Matrix): Zwischenmatrix zur Berechnung von K_{k+1} und M_{k+1},
- K_{k+1} ($q \times q$ Matrix): Steifigkeitsmatrix im Unterraum,
- M_{k+1} ($q \times q$ Matrix): Massenmatrix im Unterraum,
- Q_{k+1} ($q \times q$ Matrix): Eigenvektoren im Unterraum,
- Λ_{k+1} ($q \times q$ Diagonalmatrix): berechnete Eigenwertmatrix im Unterraum. Diese Eigenwertmatrix wird als Näherung der Eigenwertmatrix des ursprünglichen Eigenwertproblems Gl. 2.29 verwendet.
- X_{k+1} ($n \times q$ Matrix): Näherung der ersten q Eigenvektoren des ursprünglichen Eigenwertproblems Gl. 2.29 in der Iteration k.

In diesem Schritt wird das ursprüngliche Eigenwertproblem Gl. 2.29 (Ordnung n) in das Eigenwertproblem Gl. 2.53 (Ordnung q, im Unterraum) umgewandelt. Da q deutlich kleiner als n ist, kann das Eigenwertproblem Gl. 2.53 mit der Jacobi-Methode effizient gelöst werden. Durch den iterativen Prozess (Gl. 2.50 bis Gl. 2.53) werden die ersten benötigten Eigenpaare angenähert. Dieser iterative Prozess wird fortgesetzt, bis das folgende Konvergenzkriterium erfüllt ist:

$$[1 - \frac{(\lambda_i)^2}{(q_i)^T(q_i)}]^{\frac{1}{2}} \leq tol, \tag{2.54}$$

mit:

- i: Index des Eigenvektors und des Eigenwerts, $i \in [1, \cdots, p]$,
- λ_i: i-ter Eigenwert in Λ_{k+1},
- q_i: i-ter Eigenvektor in Q_{k+1},
- tol: definierte Konvergenztoleranz.

- Nachdem der Iterationsprozess konvergiert ist, wird der Sturm-Folge-Test [BATH14] durchgeführt, um sicherzustellen, dass die geforderten Eigenpaare erfasst wurden.

Mit der Unterraum-Iterationsmethode werden die ersten Eigenpaare des ursprünglichen Eigenwertproblems (Ordnung n) im Unterraum (Ordnung q) iterativ bestimmt, wobei $q \ll n$ ist. Für ein FE-System mit vielen Freiheitsgraden ist diese Methode deutlich effizienter als die anderen Methoden, die gleichzeitig alle Eigenpaare berechnen.

2.9 Finite-Elemente-Methode zur Simulation der dünnwandigen Werkstücken

Finite element method for the simulation of thin-walled workpieces

Die Finite-Elemente-Analyse für allgemeine strukturmechanische Probleme und die entsprechenden Lösungsmethoden wurden in den Abschnitten 2.1 bis 2.8 diskutiert. Im Vergleich zu allgemeinen strukturmechanischen Problemen weist die FE-Simulation eines dünnwandigen Werkstücks die folgende Besonderheit auf:

- Wegen des Materialabtrags ändert sich die zu analysierende Struktur. Daher sind die Simulationen einer Vielzahl von Zwischenzuständen des Werkstücks erforderlich.

Unter Berücksichtigung dieser Besonderheit lässt sich die Simulation des dünnwandigen Werkstücks in zwei Schritte unterteilen:

- Aufbau der FE-Systeme der zu berechnenden Zwischenzustände,
- Lösung der aufgebauten FE-Systeme.

Der relevante Stand der Technik in Bezug auf die beiden oben genannten Schritte wird nachfolgend in den Abschnitten 2.10 und 2.11 diskutiert.

2.10 Aufbau der FE-Systeme der ausgewählten Zwischenzustände

Assembly of the FE-systems for the selected intermediate states

Die CAD-Modelle der Zwischenzustände eines Werkstücks können aus einer Abtragssimulation exportiert werden. Darauf basierend kann für jeden Zwischenzustand ein neues FE-System mit kommerzieller FE-Software erstellt werden [TSAI16; WANG17]. Aufgrund der neuen Vernetzung schließt diese Vorgehensweise allerdings die Möglichkeit aus, die Berechnungsergebnisse des vorhergehenden Zwischenzustands zu nutzen, um den Rechenzeitbedarf zu reduzieren. Eine Alternative ist, die Systemmatrizen der Zwischenzustände durch die Subtraktion der elementaren Matrizen der abgetragenen Elemente von den Systemmatrizen des vorherigen Zustands zu berechnen. Eine kritische Aufgabe dabei ist es, die abgetragenen Elemente zwischen den ausgewählten Zwischenzuständen zu identifizieren. Diese Aufgabe kann auf die Kollisionsidentifikation zurückgeführt werden, die ein wichtiges Forschungsthema in der Computergrafik darstellt. In diesem Abschnitt werden zunächst die grundlegenden Algorithmen zur Kollisionsidentifikation in der Computergrafik erläutert. Anschließend wird die aktuelle Anwendung dieser Algorithmen in der Simulation von dünnwandigen Werkstücken erklärt.

2.10.1 Kollisionserkennung zwischen einem Punkt und einem konvexen Polyeder

Collision detection between a point and a convex polyhedron

In der algorithmischen Geometrie wird die Kollisionserkennung als das Erkennen des Berührens oder Überlappens zweier oder mehrerer geometrischer Objekte verstanden. Bei der Erkennung der zu löschenden FE-Elemente während der Bearbeitung können ein FE-Element durch seinen geometrischen Mittelpunkt $\overline{P}$ und das Werkzeug durch ein konvexes Polyeder Q dargestellt werden. Die Prüfung, ob dieses Element gelöscht werden soll, kann als ein Sonderfall der Kollisionserkennung wie folgt formuliert werden:

- Ob eine Kollision zwischen dem Punkt $\overline{P}$ und dem konvexen Polyeder Q vorliegt?

Daher wird der Sonderfall der Punkt-Polyeder-Kollisionserkennung im Folgenden detailliert diskutiert.

Ein Polyeder ist ein dreidimensionaler Körper, der ausschließlich von ebenen Flächen begrenzt wird. Ein Polyeder P heißt konvex, wenn für jedes Paar von Punkten des Polyeders die Verbindungsstrecke zwischen diesen Punkten vollständig im Polyeder liegt [ERIC04]. Zur Erkennung, ob ein Punkt $\overline{P}$ in einem durch eine Punktwolke $P_1, P_2, \cdots, P_n$ definierten konvexen Polyeder Q vorzufinden ist, wird das Verfahren, die lineare Programmierung, verwendet. Die lineare Programmierung (LP) ist ein mathematisches Verfahren, das zur Optimierung einer Zielfunktion unter Berücksichtigung einer Reihe von Einschränkungen verwendet wird . Die Formulierung eines realen Problems als lineare Programmierung besteht aus drei grundlegenden Bestandteilen [BAZA11; BERT97; BOYD04; MATO07; VAND98]:

- Zielfunktion:
  - Eine Funktion Z, die maximiert oder minimiert werden soll. Sie hat die Form:

$$Z = a_1 v_1 + a_2 v_2 + \cdots + a_j v_j + \cdots + a_n v_n. \tag{2.55}$$

Dabei sind $a_1, a_2, \cdots, a_n$ die Koeffizienten der n Variablen $v_1, v_2, \cdots, v_n$.

- Nebenbedingung:
    - Eine Reihe von linearen Ungleichungen oder Gleichungen, die die Lösungsmenge einschränken. Sie haben die Form:

$$c_{i1}v_1 + c_{i2}v_2 + \cdots + c_{ij}v_j + \cdots + c_{in}v_n \leq b_i. \tag{2.56}$$

    Dabei sind $c_{i1}, c_{i2}, \cdots, c_{in}$ die Koeffizienten der Nebenbedingung und b_i die rechte Seite der Ungleichung. Wenn die Anzahl der Ungleichungen oder Gleichungen m beträgt, gilt $1 \leq i \leq m$. Abhängig vom realen Problem kann der Operator $\leq$ in Gl. 2.56 durch $=, \neq, \geq, <$ oder $>$ ersetzt werden.

- Nichtnegativitätsbedingung:
    - Es wird oft vorausgesetzt, dass die Variablen nicht negativ sind:

$$v_j \geq 0. \tag{2.57}$$

    Dabei gilt $1 \leq j \leq n$.

Auf Basis der linearen Programmierung ist die Punkt-Polyeder-Kollisionserkennung möglich. Diese Kollisionserkennung hat die folgenden wesentlichen Schritte:

- Darstellung des konvexen Polyeders:
    - Ein konvexes Polyeder ist die Menge aller Punkte, die als konvexe Kombinationen seiner Ecken beschrieben werden können [BERG08; BOYD04; PARD95]. Das bedeutet, dass jeder Punkt PQ im Polyeder Q als eine konvexe Kombination dargestellt werden kann:

$$PQ = \sum_{i=1}^{n} v_i P_i, \tag{2.58}$$

    wobei $v_i \geq 0$ für alle i und $\sum_{i=1}^{n} v_i = 1$. Hierbei ist P_i der i-te Punkt in der Punktwolke, die das konvexe Polyeder definiert.

- Mathematische Beschreibung der Punkt-Polyeder-Kollisionserkennung: Auf Basis der vorstehenden Darstellung des konvexen Polyeders kann die Punkt-Polyeder-Kollisionserkennung als ein Verfahren der linearen Programmierung formuliert werden:
    - Zielfunktion: Diese ist in diesem Fall irrelevant, da hierbei nur die Lösbarkeit einer beliebigen Funktion unter Berücksichtigung der Nebenbedingungen wichtig ist. Daher kann die Zielfunktion z. B. als Minimierung einer Nullfunktion definiert werden.

- Nebenbedingung: Die Nebenbedingung besteht aus vier Gleichungen:

$$\sum_{j=1}^{n} P_{j,x} v_j = \overline{P}_x, \tag{2.59}$$

$$\sum_{i=j}^{n} P_{j,y} v_j = \overline{P}_y, \tag{2.60}$$

$$\sum_{i=j}^{n} P_{j,z} v_j = \overline{P}_z, \tag{2.61}$$

$$\sum_{j=1}^{n} v_j = 1, \tag{2.62}$$

  mit:

  - Koeffizienten $P_{j,x}, P_{j,y}$ und $P_{j,z}$: Die X-, Y- und Z-Koordinaten des j-ten Punktes P_j in der Punktwolke, die das konvexe Polyeder definiert,
  - v_j: Die j-te Variable,
  - $\overline{P}_x, \overline{P}_y$ und $\overline{P}_z$: Die X-, Y- und Z-Koordinaten des zu prüfenden Punktes $\overline{P}$.

- Nichtnegativitätsbedingung:

$$v_j \geq 0. \tag{2.63}$$

- Lösung der linearen Programmierung:
  - Das oben formulierte LP-Problem kann mit der standardisierten Simplex-Methode gelöst werden [BAZA11; DANT63; DANT90; MATO07]. Falls die Simplex-Methode eine Lösung findet, liegt der Punkt $\overline{P}$ im Polyeder Q.

2.10.2 Erkennung der zu löschenden FE-Elemente während der Bearbeitung

Detection of the elements to be deleted during machining

Wenn die Anzahl der Elemente sehr klein ist, kann die Erkennung der zu löschenden FE-Elemente während der Bearbeitung manuell durchgeführt werden [SCIP14]. Hingegen ist für fein vernetzte FE-Systeme eine automatische Identifikationsmethode erforderlich. Nach Budak [BUDA12] kann die automatische Identifikation folgendermaßen realisiert werden:

1. Es wird eine Hüllkurve des Werkzeugs entlang seiner Werkzeugbahn erstellt.

2. Die Elemente werden in kleine Elementräume verteilt, wobei in jedem Elementraum mehrere Elemente liegen (Spatial Partitioning [ERIC04]).
3. Die Elementräume, die sich mit der Hüllkurve des Werkzeugs überschneiden, werden identifiziert.
4. Die Elemente, die sich innerhalb der Hüllkurve des Werkzeugs befinden, werden identifiziert. Dabei werden nur die Elemente geprüft, die in den durch Schritt 3 identifizierten Elementräumen liegen.

Bei dieser Methode ist die Wahl der Größe der Elementräume entscheidend für den Rechenzeitbedarf. Werden die Elementräume zu klein gewählt (was zu einer großen Anzahl an Elementräumen führt), ist der Aufwand in Schritt 3 hoch. Andererseits erfordert Schritt 4 einen höheren Rechenaufwand, wenn die Elementräume zu groß sind, da viele Elemente in einem einzigen Elementraum liegen.

2.11 Lösung der erstellten FE-Systeme der Zwischenzustände des dünnwandigen Werkstücks

Solution of the FE-systems for the intermediate states of the thin-walled workpiece

Die vorhandenen Vorgehensweisen zur Lösung der FE-Systeme der Zwischenzustände eines dünnwandigen Werkstücks können in drei Gruppen unterteilt werden. In der ersten Gruppe werden die statischen und dynamischen Eigenschaften des dünnwandigen Werkstücks für den gesamten Bearbeitungsprozess als konstant betrachtet [KHAN18; KOLL13b; SEGU08]. Daher wird nur ein einziges FE-System gelöst, um diese Eigenschaften zu erfassen. Die Anwendung solcher Methoden ist stark begrenzt, da die Variation der statischen und dynamischen Eigenschaften des Werkstücks nicht berücksichtigt wird. Die Methoden in der zweiten Gruppe nehmen diese Variation in Betracht, indem für jeden ausgewählten Zwischenzustand des Werkstücks eine neue Simulation durchgeführt wird [BRAV05; BUDA95; ELBE91; IZAM11; IZAM12; RATC05; TSAI16; TSAI99; WAN05; WANG15; WANG17; WIMM19; ZHU21]. Obwohl die Genauigkeit der Berechnung dadurch verbessert wird, ist der entsprechende Rechenzeitbedarf sehr hoch. Um diesen Rechenzeitbedarf zu reduzieren, wird in der dritten Gruppe das Verfahren der Substrukturkopplung verwendet [BREC18; KARI24a; KARI24b; LI18; MASM17; TUYS17a; TUYS17b; YANG16]. Die Grundidee der Substrukturkopplung ist, dass die physikalischen Eigenschaften der Gesamtstruktur durch die Kopplung der physikalischen Eigenschaften der zugehörigen Substrukturen berechnet werden können [BREC16a; BREC16b; CHAV20; CRAI00; MOVA06]. Bei der Anwendung der Substrukturkopplung für die Simulation eines dünnwandigen Werkstücks wird zunächst eine FE-Simulation für den initialen Zustand des Werkstücks durchgeführt. Ein Zwischenzustand des Werkstücks wird als eine Kopplung des vorhergehenden Zwischenzustands (Substruktur 1) und des abgetragenen Materials (Substruktur 2) betrachtet. Die statischen und dynamischen Eigenschaften dieses Zwischenzustands werden auf Basis der Substrukturen 1 und 2 näherungsweise erfasst. Dies wird iterativ fortgesetzt, bis die Berechnungen für den gesamten Bearbeitungsprozess durchgeführt worden sind. Mit der Substrukturkopplung wird die Rechenzeit reduziert, da die Berechnungsergebnisse eines Zwischenzustands für die Berechnung des nächsten Zwischenzustands genutzt werden. Die Fehler während des iterativen Berechnungsprozesses summieren sich allerdings auf, da die Berechnung für jeden Zwischenzustand näherungsweise vorgenommen wird. Daher kann die Genauigkeit der Berechnung nicht garantiert werden. Zusammenfassend kann gesagt werden, dass die vorhandenen Methoden zur Lösung der erstellten FE-Systeme der Zwischenzustände eines Werkstücks entweder ineffizient oder nicht ausreichend genau sind.

2.12 Messtechnische Bestimmung der strukturmechanischen Eigenschaften

Measurement of structural mechanical properties

In der vorliegenden Arbeit werden hauptsächlich die Simulationen der statischen und dynamischen Eigenschaften von dünnwandigen Werkstücken diskutiert. Zur Validierung ist ein Abgleich zwischen den Simulations- und Messergebnissen erforderlich. Im Folgenden werden die grundlegenden Methoden zur Messung der statischen und dynamischen Eigenschaften von mechanischen Strukturen erklärt.

2.12.1 Messung der statischen Steifigkeit

Measurement of static stiffness

Die statische Steifigkeit k ist das Verhältnis zwischen der Kraft f und der Verlagerung u:

$$k = \frac{f}{u}. \tag{2.64}$$

Zur Messung der Steifigkeit k wird normalerweise eine bekannte Kraft an der Messstelle aufgebracht und die dadurch verursachte Verlagerung gemessen [BREC21]. Anschließend wird die Steifigkeit k gemäß Gl. 2.64 berechnet. Ein typischer Messaufbau wird in Abb. 2.6 veranschaulicht. Hierbei wird ein hydraulischer oder piezoelektrischer Aktor eingesetzt [BREC21; STEF11], um eine Kraft an die zu messende Stelle aufzubringen und die Amplitude der Kraft zu messen. Die durch die aufgebrachte Kraft hervorgerufene Verlagerung wird durch einen Wegaufnehmer aufgezeichnet. Die gemessene Kraft und Verlagerung werden nach der Verstärkung und der A/D-Wandlung an einem Rechner weitergeleitet, um die Steifigkeit zu berechnen.

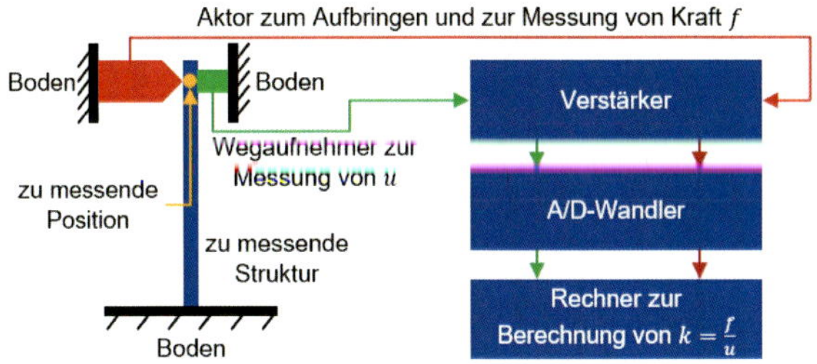

Abbildung 2.6: Aufbau zur Messung der statischen Steifigkeit

2.12.2 Dynamische Vermessung einer mechanischen Struktur

Dynamic measurement of a mechanical structure

Die dynamische Vermessung einer schwingungsfähigen Struktur, auch als dynamische Analyse oder Schwingungsanalyse bekannt, umfasst eine Reihe von Methoden und Techniken zur Bestimmung der dynamischen Eigenschaften einer Struktur.

Bei der dynamischen Vermessung hat die Beschreibung der Schwingungseigenschaften durch Frequenzgänge eine besonders große Bedeutung, da Frequenzgänge einfach messtechnisch erfasst werden können. Ein typischer Messaufbau zur Frequenzgangmessung wird in Abb. 2.7 dargestellt. Die zu messende Struktur wird durch einen Impulshammer angeregt und die angeregte Schwingung mit einem Beschleunigungssensor aufgenommen. Die analogen Kraft- und Schwingungssignale werden verstärkt und in digitale Signale umgewandelt. Schließlich wird der Frequenzgang auf Basis der digitalen Signale berechnet [BRAN23; BREC21; BROC84; DØSS88].

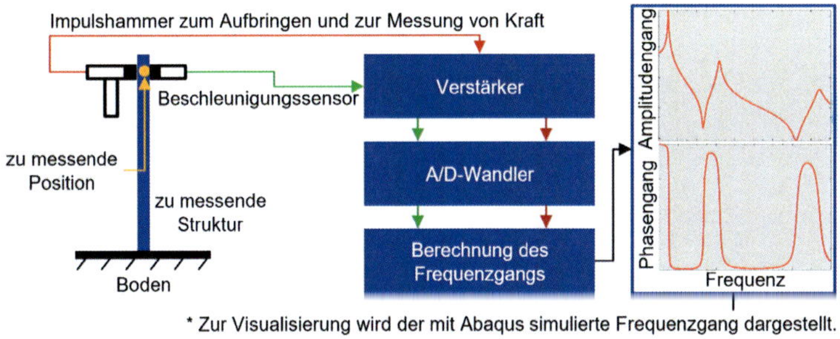

Abbildung 2.7: Frequenzgangmessung mit Impulshammer und Beschleunigungssensor

Eine weitere Messmethode zur dynamischen Vermessung ist die experimentelle Modalanalyse (EMA). In der EMA wird eine Reihe von Frequenzgangmessungen durchgeführt, um die Eigenvektoren und die Eigenfrequenzen zu ermitteln [BRAN23; BROC84; DØSS88; FU01; HARR88]. Die drei wichtigen Schritte in der EMA werden anhand des Beispiels in Abb. 2.8 zusammengefasst:

- **Auswahl der Messstellen**: Eine Reihe von Stellen werden ausgewählt, an denen die Messungen durchgeführt werden. In Abb. 2.8 wird die Messstellen 1, 2 und 3 ausgewählt.

- **Frequenzgangmessungen**: Durch die Anregung mit einem Impulshammer an der Messstelle i und die Schwingungsmessung an der Messstelle j wird der Frequenzgang G_{ij} gemessen. Die Frequenzgänge zwischen allen Messstellen können in einer $n \times n$ Übertragungsmatrix H gespeichert werden, wobei n die Anzahl der Messstellen ist. Für das Beispiel in Abb. 2.8 wird die folgende 3×3 Übertragungsmatrix aufgebaut:

$$H = \begin{bmatrix} G_{11} & G_{12} & G_{13} \\ G_{21} & G_{22} & G_{23} \\ G_{31} & G_{32} & G_{33} \end{bmatrix} . \tag{2.65}$$

  Die messtechnische Ermittlung aller Einträge in der Übertragungsmatrix H ist mit einem großen Aufwand verbunden, wenn die Anzahl n der Messstellen groß ist. In der Praxis können die meisten zu messenden Strukturen als lineare und zeitinvariante Systeme (LZI-Systeme) betrachtet werden. Für die EMA eines LZI-Systems ist nur die Ermittlung einer beliebigen Zeile oder Spalte der Übertragungsmatrix erforderlich [BRAN23]. Daher wird für den Biegebalken in Abb. 2.8 entweder die erste Zeile $[G_{11}, G_{12}, G_{13}]$ oder die erste Spalte $[G_{11}, G_{21}, G_{31}]^T$ der Übertragungsmatrix H ermittelt.

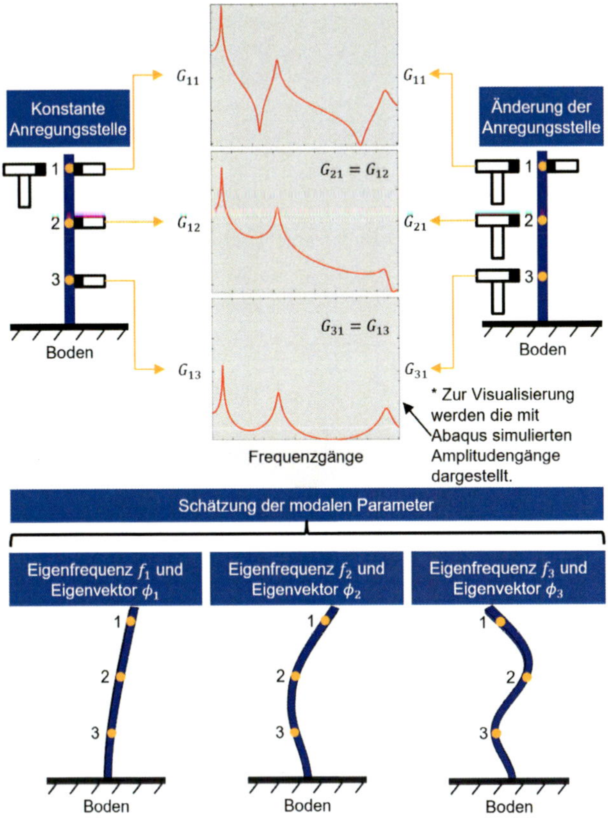

Abbildung 2.8: Experimentelle Modalanalyse

- **Schätzung der Modalparameter**: Auf Basis der gemessenen Frequenzgänge in einer Zeile oder einer Spalte der Übertragungsmatrix werden die Eigenpaare der gemessenen Struktur mit verschiedenen Methoden (z. B Polymax-Methode [GUIL03; PEET04; PEET12]) extrahiert.

2.13 Fazit des Stands der Technik

Conclusion of the state of the art

Die FE-Methode ist eine weit verbreitete numerische Methode zur Analyse komplexer Strukturen. Der Kern der FE-Methode besteht in der Lösung des Gleichungssystems, welches das zu analysierende physikalische Problem mathematisch beschreibt. Zur Erhöhung der

Effizienz der FE-Methode wurden zahlreiche Lösungsmethoden für allgemeine strukturmechanische Probleme entwickelt und optimiert.

Die Anwendung der FE-Methode zur Vorhersage der statischen und dynamischen Eigenschaften von dünnwandigen Werkstücken ist eine vielversprechende Idee. Sie ermöglicht, die Prozessparameter zur Bearbeitung des dünnwandigen Werkstücks zu optimieren, ohne eine Vielzahl von Bearbeitungsversuchen durchführen zu müssen. Die FE-Simulation des dünnwandigen Werkstücks stellt jedoch eine besondere Herausforderung dar, da die statischen und dynamischen Eigenschaften aufgrund des Materialabtrags nicht konstant sind. Daher sind zur Vorhersage der Eigenschaften des dünnwandigen Werkstücks eine Vielzahl von Simulationen der Werkstückszwischenzustände erforderlich.

Die Durchführung der FE-Simulation des dünnwandigen Werkstücks umfasst zwei wesentliche Schritte. Zunächst wird der Aufbau der FE-Systeme für alle zu berechnenden Zwischenzustände vorgenommen. Anschließend werden die FE-Systeme gelöst, um die statischen und dynamischen Eigenschaften des Werkstücks zu ermitteln. Durch die Analyse der Methoden zur Durchführung dieser beiden Schritte können die entsprechenden Defizite im Stand der Technik zusammengefasst werden:

- Die vorhandene Methode zum Aufbau der FE-Systeme der zu berechnenden Zwischenzuständen ist ineffizient.
- Die vorhandenen Methoden zur Lösung der aufgebauten FE-Systeme sind entweder ineffizient oder können die numerische Genauigkeit nicht sicherstellen.

Zusammenfassend ist festzuhalten, dass die vorhandenen Methoden zur Simulation des dünnwandigen Werkstücks entweder ineffizient oder nicht ausreichend genau sind. Dies hat die Anwendung dieser Simulationsmethoden für dünnwandige Werkstücke in der Praxis erheblich begrenzt.

3 Zielsetzung und Aufbau der Arbeit

Objectives and struture of thesis

Aufgrund der variierenden statischen und dynamischen Eigenschaften während des Bearbeitungsprozesses ist die CAM-Planung des dünnwandigen Werkstücks eine kosten- und zeitintensive Aufgabe. Traditionell sind viele Bearbeitungsversuche zur iterativen Optimierung der Prozessparameter notwendig. Durch den Einsatz von vorhandenen Simulationsmethoden können die statischen und dynamischen Eigenschaften des dünnwandigen Werkstücks vorhergesagt werden. Diese vorhergesagten Eigenschaften können bei der CAM-Planung berücksichtigt werden, um die Anzahl der notwendigen Bearbeitungsversuche zur Optimierung der Prozessparameter zu reduzieren und den damit verbundenen Material- und Zeitaufwand einzusparen. Der Einsatz der vorhandenen Simulationsmethoden ist allerdings aufgrund des großen Rechenzeitbedarfs oder der nicht ausreichenden numerischen Genauigkeit stark begrenzt.

Das Ziel dieser Arbeit ist es, effiziente und genaue Methoden zur Berechnung der variierenden statischen und dynamischen Eigenschaften von dünnwandigen Werkstücken zu entwickeln. Unter Berücksichtigung dieses Ziels sowie der zusammengefassten Defizite im Hinblick auf den Stand der Technik liegt der Fokus dieser Arbeit auf der Behandlung der folgenden beiden Forschungsfragen:

- Wie können die FE-Systeme für die zu berechnenden Zwischenzustände des dünnwandigen Werkstücks effizient und automatisch erstellt werden?
- Wie können die erstellten FE-Systeme für die zu berechnenden Zwischenzustände des dünnwandigen Werkstücks effizient und genau gelöst werden, um die variierenden statischen und dynamischen Eigenschaften des Werkstücks vorherzusagen?

Diese Arbeit ist in vier Hauptkapitel unterteilt, wie in Abb. 3.1 dargestellt. In Kapitel 4 werden Methoden zum effizienten Aufbau der FE-Systeme für die Zwischenzustände des dünnwandigen Werkstücks entwickelt. Auf dieser Grundlage werden in Kapitel 5 (statische Simulation) und Kapitel 6 (dynamische Simulation) verschiedene Methoden zur effizienten und genauen FE-Simulation des dünnwandigen Werkstücks behandelt. Abschließend werden die durchgeführten Forschungsarbeiten in Kapitel 7 zusammengefasst und ein Ausblick gegeben.

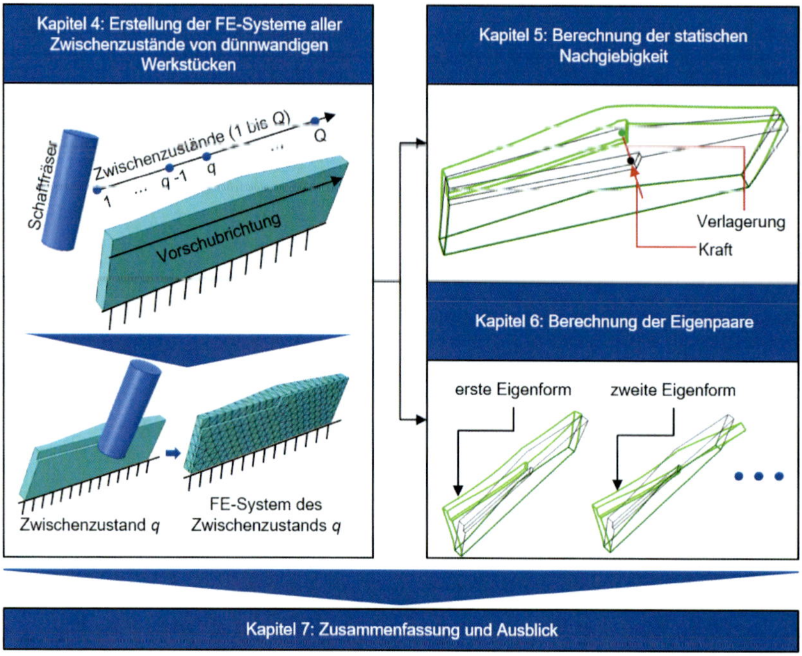

Abbildung 3.1: Aufbau der Arbeit

4 Effizienter Aufbau der FE-Systeme der Zwischenzustände eines dünnwandigen Werkstücks

Efficient generation of FE-systems for the Intermediate states of thin-walled workpieces

Die statischen und dynamischen Eigenschaften eines dünnwandigen Werkstücks können während des Bearbeitungsprozesses stark variieren. Zur Vorhersage dieser variierenden Eigenschaften mit der FE-Methode ist der Aufbau einer Vielzahl von FE-Systemen erforderlich, die den Zwischenzuständen des Werkstücks entsprechen. Dieses Kapitel erläutert die Methode zum effizienten Aufbau der FE-Systeme der Zwischenzustände. Zunächst wird eine Datenstruktur zur Verwaltung der Modelldaten des FE-Systems konzipiert (Abschnitt 4.1). Anschließend wird eine Methode entwickelt, um die gelöschten Elemente wegen des Materialabtrags zu erkennen (Abschnitt 4.2). Darauf basierend werden die FE-Systeme der Zwischenzustände aktualisiert (Abschnitt 4.3).

4.1 Datenstruktur zur Verwaltung der Modelldaten des FE-Systems

Data Structure for managing the model data of the FE-system

Die Modelldaten eines FE-Systems stellen eine große Menge von Daten dar, die das zu simulierende Problem vollständig beschreiben können. Da der Aufbau einer Vielzahl von FE-Systemen der Zwischenzustände des dünnwandigen Werkstücks erforderlich ist, ist eine klare und effiziente Datenstruktur zur Verwaltung der Modelldaten unerlässlich. Eine Datenstruktur wird zunächst für die Modelldaten des initialen FE-Systems des Werkstücks entwickelt. Anschließend wird diese Datenstruktur erweitert, um die Modelldaten für alle Zwischenzustände des Werkstücks zu verwalten.

Das initiale FE-System kann auf Basis der Geometrie, der Materialeigenschaften und der Einspannsituation des Werkstücks mit einem beliebigen FE-Programm aufgebaut werden. In dieser vorliegenden Arbeit wird das kommerzielle Programm Abaqus verwendet. Durch den Aufbau des initialen FE-Systems mit dem Vorprozessor (Preprocessor) von Abaqus werden die folgenden Modelldaten generiert:

- Daten der Knoten: Die Koordinaten und die IDs aller Knoten,

- Daten der Elemente: Die elementaren Massen- und Steifigkeitsmatrizen sowie die IDs aller Elemente,
- Daten der Konnektivität: Die zugehörigen Knoten aller Elemente.

Die oben aufgelisteten Modelldaten werden aus Abaqus exportiert. Die Datenstruktur zur Speicherung dieser exportierten Daten des initialen FE-Systems besteht aus einer Element- und Knotentabelle. In der Elementtabelle befindet sich jedes Element in einer separaten Zeile, in der die Element-ID, die elementaren Massen- und Steifigkeitsmatrizen und die IDs der zugehörigen Knoten gespeichert werden. In der Knotentabelle besitzt jeder Knoten eine Zeile, in der die Knoten-ID und die Knotenkoordinaten gespeichert werden.

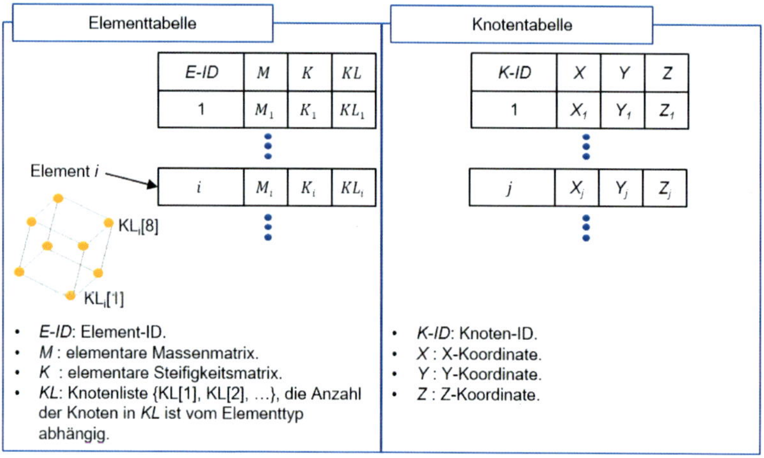

Abbildung 4.1: Element- und Knotentabelle

Die oben beschriebene Datenstruktur ist nur dafür geeignet, die Modelldaten des initialen FE-Systems zu verwalten. Zur Speicherung der Modelldaten weiterer Zwischenzustände des Werkstücks wird diese Datenstruktur nachfolgend erweitert. Hierbei ist die Betrachtung der grundlegenden Idee zum Aufbau der FE-Systeme der Zwischenzustände erforderlich. Da der Bearbeitungsprozess ein kontinuierlicher Prozess ist, ist der Unterschied zwischen zwei aufeinanderfolgenden Zwischenzuständen des Werkstücks gering. Daher kann das FE-System für einen Zwischenzustand durch eine kleine Modifikation der Modelldaten des vorderen Zwischenzustands generiert werden. Zur Verwaltung der Modelldaten jedes Zwischenzustands ist nur erforderlich, die notwendige Modifikation zur Generierung dieser Modelldaten zu speichern. Dafür wird die in Abb. 4.2 dargestellte Zwischenzustandstabelle verwendet. In der Zeile für den Zwischenzustand q werden die Elemente und die Knoten gespeichert, die zum Aufbau des FE-Systems für den Zwischenzustand q aus dem Zwischenzustand $q-1$ gelöscht werden. Das initiale Werkstück wird als der erste Zwischenzustand ($q=1$)

betrachtet. Da das FE-System des initialen Werkstücks mit Abaqus aufgebaut wird, fängt diese Zwischenzustandstabelle mit $q = 2$ an.

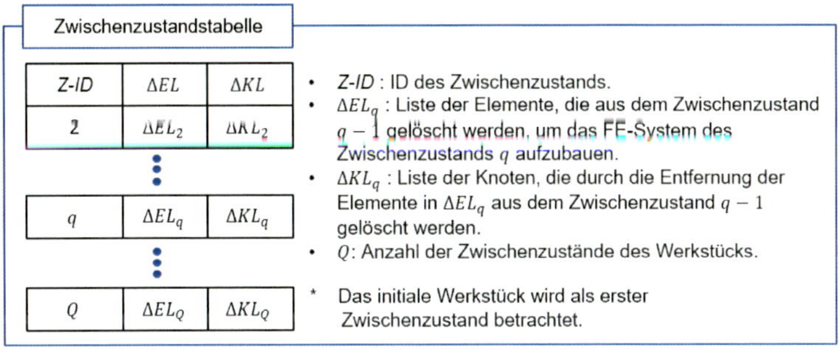

Abbildung 4.2: Zwischenzustandstabelle

Die mit den aus Abaqus exportierten Daten generierten Element- und Knotentabellen des initialen Werkstücks ($q = 1$) sowie die Zwischenzustandstabelle aller weiteren Werkstückszustände ($q > 1$) beschreiben die FE-Systeme aller Zwischenzustände vollständig. Daher liegt die zentrale Aufgabe zum Aufbau der FE-Systeme aller Zwischenzustände darin, die erforderlichen Daten ΔEL und ΔKL in der Zwischenzustandstabelle zu generieren. Die Generierung dieser Daten wird im nächsten Abschnitt detailliert erläutert.

4.2 Erkennung der gelöschten Elemente und Knoten

Identification of deleted elements and nodes

Die Generierung der erforderlichen Daten ΔEL und ΔKL in der Zwischenzustandstabelle (in Abb. 4.2) wird in diesem Abschnitt dargelegt. Zunächst werden die Methoden zur Erkennung der gelöschten Elemente (ΔEL) diskutiert. Darauf basierend wird eine Methode zur Identifikation der gelöschten Knoten (ΔKL) entwickelt.

Einfache Methode zur Erkennung der gelöschten Elemente

Eine einfache Methode zur Erkennung der gelöschten Elemente ist anhand des zweidimensionalen Beispiels in Abb. 4.3 dargestellt. Die einfache Methode umfasst drei wesentliche Schritte. Für dieses Beispiel werden zunächst die geometrischen Schwerpunkte aller Elemente (von $E1$ bis $E40$) berechnet. Anschließend erfolgt die Identifikation der Swept-Fläche des Werkzeugs, die durch die Bewegung des Werkzeugs von der Werkzeugposition $q - 1$ zu der Werkzeugposition q entsteht und als ein konvexes Polyeder betrachtet wird. Schließlich wird für alle 40 geometrischen Schwerpunkte der Elemente geprüft, ob sie in der Swept-Fläche des Werkzeugs sind. Diese Prüfung für jeden geometrischen Schwerpunkt ist eine Kollisionserkennung zwischen einem Punkt und einem konvexen Polyeder, die bereits im Stand der Technik detailliert beschrieben wird (siehe Abschnitt 2.10.1). Da das Beispiel aus 40 Elementen besteht, sind 40 Kollisionserkennungen erforderlich. Die Elemente, die den durch die Kollisionserkennungen identifizierten geometrischen Schwerpunkten entsprechen, werden als die gelöschten Elemente aus dem Zwischenzustand $q-1$ betrachtet.

Es ist zu berücksichtigen, dass, obwohl diese Methode einfach formuliert ist, der dritte Schritt einen großen Rechenzeitbedarf erfordern kann, wenn die Anzahl der Elemente groß ist.

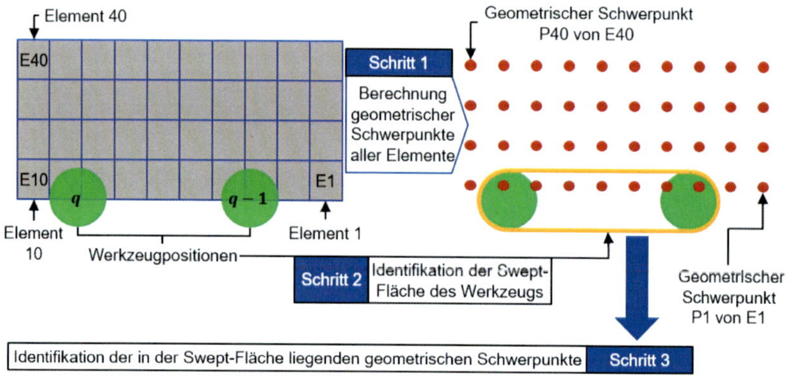

Abbildung 4.3: Einfache Methode zur Erkennung der gelöschten Elemente

Einsatz der Spatial-Partitioning-Technik

Zur Reduktion des Rechenzeitbedarfs kann der dritte Schritt der obengenannten Methode durch die Anwendung der allgemeinen Technik, Spatial Partitioning, beschleunigt werden [BUDA12]. Diese Technik wird anhand eines Beispiels in Abb. 4.4 erklärt. Die in Abb. 4.3 dargestellten 40 geometrischen Schwerpunkte der Elemente und die Swept-Fläche werden hierbei weiter beobachtet. Zunächst wird ein großer Raum definiert, in dem alle 40 geometrischen Schwerpunkte der Elemente liegen. Anschließend wird dieser große Raum in sechs kleine Räume geteilt. Alle geometrischen Schwerpunkte werden jeweils einem kleinen Raum zugeordnet. Danach wird für jeden kleinen Raum geprüft, ob sich dieser kleine Raum mit der Swept-Fläche des Werkzeugs überschneidet. Da die Swept-Fläche des Werkzeugs keine Überschneidung mit den Räumen 4, 5 und 6 hat, ist sichergestellt, dass die diesen drei Räumen zugehörigen geometrischen Schwerpunkte der Elemente nicht in der Swept-Fläche des Werkzeugs liegen. Hingegen überschneidet die Swept-Fläche des Werkzeugs mit den Räumen 1, 2 und 3, wo die geometrischen Schwerpunkte von 20 Elementen eingeschlossen sind. Für jeden eingeschlossenen geometrischen Punkt ist eine Kollisionserkennung mit der Swept-Fläche erforderlich. Durch die Anwendung von Spatial Partitioning wird die Anzahl der durchgeführten Kollisionserkennungen von 40 auf 20 reduziert.

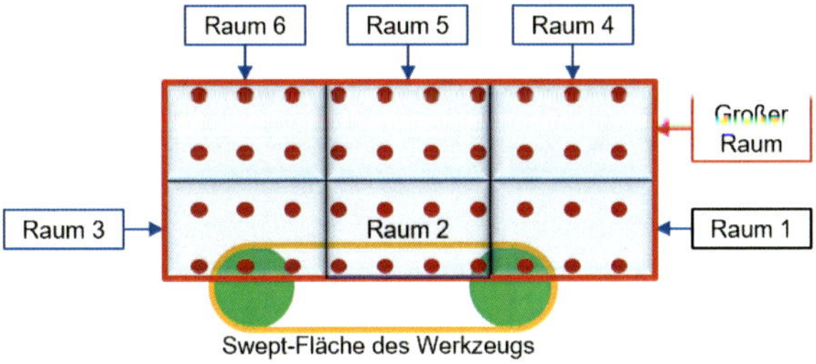

Abbildung 4.4: Einsatz der Spatial-Partitioning-Technik

Neue Methode auf Basis der außenliegenden Elemente

Die oben beschriebene Methode nach Budak [BUDA12] reduziert die Anzahl der Kollisionserkennungen durch die Anwendung der Spatial-Partitioning-Technik, die ursprünglich für allgemeine Probleme im Bereich Computergrafik entwickelt wurde. Die Identifikation der gelöschten Elemente ist jedoch ein besonderes Problem, dessen Besonderheit anhand des Beispiels in Abb. 4.5 erklärt werden kann. Nach dem Bearbeitungsschritt $q-1$ entsteht der Zwischenzustand $q-1$ eines zweidimensionalen Werkstücks, der aus neun Elementen (von $E1$ und $E9$) besteht. Bei diesem Zwischenzustand liegt das Werkzeug beliebig außerhalb der Geometrie des Werkstücks (Werkzeugposition $q-1$). Es wird angenommen, dass der nächste Bearbeitungsschritt q sofort beendet wird, wenn das Element $E5$ gelöscht wird. Dies bedeutet, dass die Werkzeugposition q in der Mitte des Werkstücks liegt, um das Element $E5$ zu entfernen. Durch die Beobachtung der Swept-Fläche des Werkzeugs für unterschiedliche mögliche Werkzeugpositionen $q-1$ ist zu erkennen, dass vor dem Löschen des innenliegenden Elements $E5$ mindestens ein außenliegendes Element gelöscht werden muss. Diese Beobachtung kann verallgemeinert formuliert werden:

- Die Entfernung eines innenliegenden Elements i im Bearbeitungsschritt q erfordert zwei Voraussetzungen:
    - Ein oder mehrere außenliegende Elemente werden im Bearbeitungsschritt q entfernt.
    - Die Entfernung der außenliegenden Elemente führt dazu, dass das innenliegende Element i zu einem außenliegenden Element geworden ist.

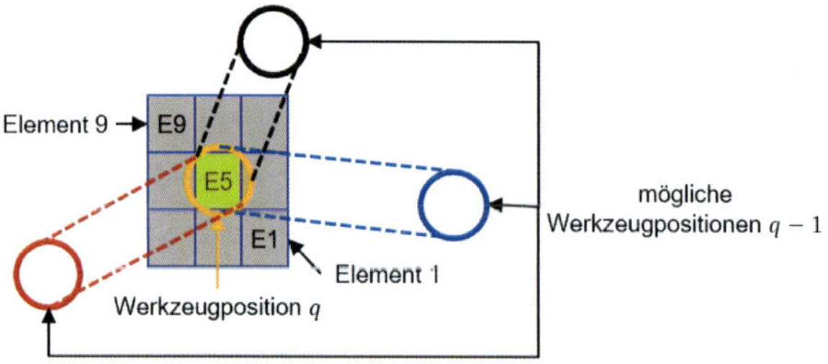

Abbildung 4.5: Besonderheit der Entfernung eines innenliegenden Elements

Unter Berücksichtigung dieser Beobachtung wird eine neue Methode zur Erkennung der gelöschten Elemente entwickelt, bei der nur die außenliegenden Elemente geprüft werden. Diese Methode wird anhand des Beispiels in Abb. 4.6 erläutert. Vor der Beschreibung dieses Beispiels werden zwei Begriffe genau definiert:

- außenliegendes Element: Wenn mindestens ein zugehöriger Knoten eines Elements auf der Außenkontur der Werkstückgeometrie liegt, ist dieses Element ein außenliegendes Element.
- innenliegendes Element: Wenn ein Element kein außenliegendes Element ist, ist dieses Element ein innenliegendes Element.

Auf Basis dieser Definitionen werden zunächst 16 außenliegende Elemente des initialen Zustands des Werkstücks (Abb. 4.6) identifiziert. Diese 16 Elemente werden in einer Liste EL_a gespeichert:

$$EL_a = [1, 2, 3, 4, 5, 6, 10, 11, 15, 16, 20, 21, 22, 23, 24, 25]. \tag{4.1}$$

Für den zweiten Zwischenzustand des Werkstücks wird geprüft, ob die Elemente aus der Liste EL_a in der Swept-Fläche liegen, die durch die Bewegung des Werkzeugs zwischen den Positionen 1 und 2 entsteht. Dadurch wird erkannt, dass sich das Element 11 in dieser Swept-Fläche befindet, und aus der Vernetzung des Werkstücks gelöscht wird. Zusätzlich wird dieses Element aus der Liste EL_a entfernt. Durch die Entfernung dieses Elements befinden sich die Knoten a und b auf der neuen Außenkontur des Werkstücks. Dies führt dazu, dass die Elemente 7, 12 und 17 neue außenliegende Elemente sind und in der Liste EL_a eingetragen werden. Die aktualisierte Liste EL_a hat insgesamt 18 Elemente:

$$EL_a = [1, 2, 3, 4, 5, 6, 7, 10, 12, 15, 16, 17, 20, 21, 22, 23, 24, 25] \tag{4.2}$$

Die für den zweiten Zwischenzustand des Werkstücks durchgeführten Schritte werden für die weiteren Zwischenzustände 3 und 4 wiederholt, bis der Bearbeitungsprozess abgeschlossen ist.

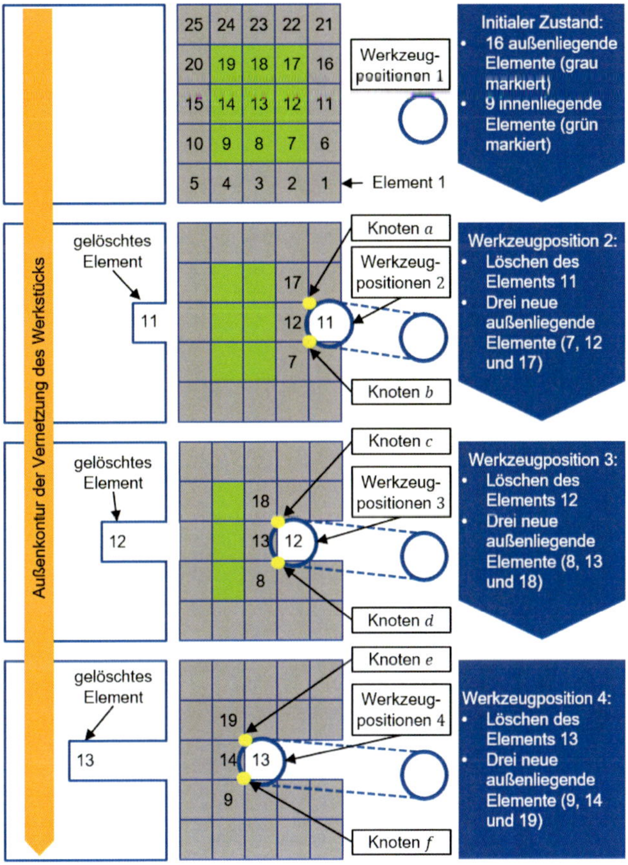

Abbildung 4.6: Methode auf Basis der außenliegenden Elemente

Erkennung der neu entstehenden außenliegenden Elemente nach der Elementlöschung

Da in der in Abb. 4.6 vorgestellten Methode zur Erkennung der gelöschten Elemente nur die außenliegenden Elemente geprüft werden, ist die Erkennung der neuen außenliegenden Elemente nach der Entfernung jedes Elements erforderlich. Es ist in Abb. 4.6 Folgendes zu beobachten:

- Wenn ein außenliegendes Element gelöscht wird, werden die mit dem gelöschten Element verbundenen Elemente neue außenliegende Elemente.

Auf Basis dieser Beobachtung wird eine Methode zur Erkennung der neuen außen liegenden Elemente nach der Entfernung eines beliebigen Elements i entwickelt. Zunächst wird eine neue Spalte EL in die Knotentabelle eingefügt. Der j-te Eintrag EL_j in der neuen Spalte EL ist eine Liste, in der alle dem Knoten j entsprechenden Elemente gespeichert werden. Diese Spalte EL wird auf Basis der Spalte KL in der Elementtabelle generiert. Dies wird in Abb. 4.7 veranschaulicht. Das dargestellte FE-System besteht aus vier Elementen und neun Knoten. Die Konnektivität des FE-Systems wird nach der Vernetzung der Geometrie in der Spalte KL der Elementtabelle gespeichert, wobei die Spalten M und K der Elementtabelle ignoriert werden. Die Spalte EL der Knotentabelle wird durch vier Iterationsschritte über die Spalte KL aufgebaut. Zum Verständnis wird der erste Iterationsschritt genau betrachtet. In der ersten Zeile der Spalte KL werden die zum Element 1 zugehörigen Knoten 1,2,4 und 5 gespeichert. Daher werden das E-ID 1 in den Zeilen 1, 2, 4 und 5 der Knotentabelle gespeichert. Diese Operation wird für andere Zeilen in der Spalte KL wiederholt, bis eine Speicherung aller E-IDs in den entsprechenden Zeilen der Knotentabelle erfolgt ist.

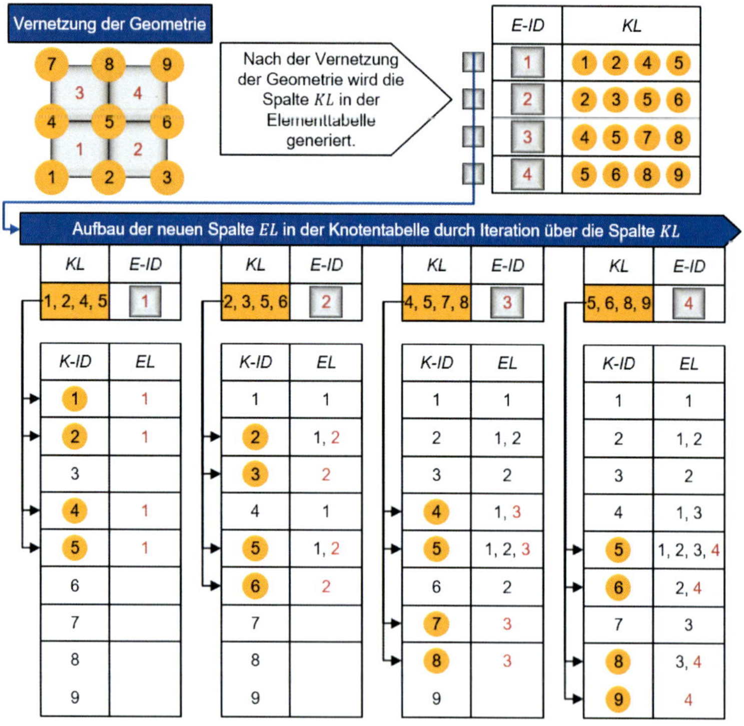

Abbildung 4.7: Hinzufügen der Spalte EL in die Knotentabelle

Anschließend werden die mit dem Element i verbundenen Elemente basierend auf der Spalte KL in der Elementtabelle und der neu generierten Spalte EL in der Knotentabelle mit Algorithmus 3 erkannt. Diese erkannten Elemente werden in der Liste VEL_i gespeichert. Es wird schließlich identifiziert, welche Elemente in VEL_i bereits vor der Entfernung des Elements i außenliegende Elemente sind. Exklusive dieser identifizierten Elemente sind die anderen Elemente in VEL_i die neuen außenliegenden Elemente, die durch die Entfernung des Elements i entstehen.

Algorithmus 3 Erkennung der mit einem Element verbundenen Elemente

---

Eingabe:

- ID i des Elementes E_i.
- Spalten KL und EL (sehe Abb. 4.1 und Abb. 4.7).

Ausgabe:

- Eine Liste VEL_i, in der alle mit dem Element E_i verbundenen Elemente gespeichert werden.

Initialisierung einer Liste VEL_i zur Speicherung der mit E_i verbundenen Elemente.
for Knoten-ID $m \in KL_i$ **do**
    for Element-ID $n \in EL_m$ **do**
        if Element-ID $n \notin VEL_i$ **then**
            Einfügen des Element-IDs n in VEL_i.
        end if
    end for
end for

Kombinierte Methode zur Erkennung der gelöschten Elemente und Knoten

Die Methode zur Erkennung der gelöschten Elemente auf Basis der außenliegenden Elemente (Abb. 4.6) wird mit der in Abb. 4.4 dargestellten Spatial-Partitioning-Technik kombiniert. Vor der Erkennung der gelöschten Elemente wird das initiale Werkstück durch den Einsatz der Spatial-Partitioning-Technik in viele kleine Räume unterteilt. Diese kleinen Räume werden in eine Liste RL eingefügt. Alle Elemente des initialen Werkstücks werden jeweils zu einem dieser kleinen Räume zugeordnet. Anschließend werden die außenliegenden Elemente des initialen Werkstücks ($q = 1$) gesucht. Die gefundenen außenliegenden Elemente werden in einer Liste EL_a gespeichert. Die gelöschten Elemente aller Zwischenzustände des Werkstücks werden danach iterativ ermittelt:

- Für $q = [2, 3, \cdots]$:

  1. Eine leere Liste ΔEL_q wird zur Speicherung der Elemente initialisiert, die durch die Bewegung des Werkzeugs zwischen den Werkzeugpositionen $q-1$ und q entfernt werden.

2. Die Swept-Fläche $\mathcal{S}_q$ des Werkzeugs zwischen den Werkzeugpositionen $q-1$ und q wird ermittelt.

3. Für jeden kleinen Raum in der Liste RL wird geprüft, ob sich dieser Raum mit der Swept-Fläche $\mathcal{S}_q$ überschneidet. Alle Räume, die sich mit $\mathcal{S}_q$ überschneiden, werden in einer Liste ΔRL gespeichert.

4. Es wird identifiziert, welche Elemente sich sowohl in der Liste EL_a als auch in einem Raum der Liste ΔRL befinden. Für jedes der identifizierten Elemente wird geprüft, ob dieses Element in der der Swept-Fläche $\mathcal{S}_q$ liegt. Die in $\mathcal{S}_q$ liegenden Elemente werden aus der Liste EL_a entfernt und in die Liste ΔEL_q eingefügt.

5. Die durch die Entfernung der Elemente in der Liste ΔEL_q resultierenden außenliegenden Elemente werden ermittelt. Die neu ermittelten außenliegenden Elemente werden in die Liste EL_a eingefügt. Anschließend wird der Schritt 4 für die neu in die Liste EL_a eingefügten Elemente durchgeführt. Die Schritte 4 und 5 werden wiederholt, bis kein neues Element in die Liste EL_a eingefügt wird.

Nach der iterativen Erkennung der gelöschten Elemente (ΔEL in Abb. 4.2) werden die gelöschten Knoten (ΔKL in Abb. 4.2) ebenfalls iterativ ermittelt:

- Für $q = [2, 3, \cdots]$:
  - Eine leere Liste ΔKL_q wird zur Speicherung der Knoten initialisiert, die durch die Bewegung des Werkzeugs zwischen den Werkzeugpositionen $q-1$ und q entfernt werden.
  - Die bis zum Zwischenzustand q gelöschten Elemente werden in einer Liste $\sum \Delta EL$ gespeichert:

$$\sum \Delta EL = \Delta EL_2 \cup \cdots \cup \Delta EL_q. \tag{4.3}$$

  - Es wird für jeden bis zum Zwischenzustand $q-1$ noch nicht gelöschten Knoten geprüft, ob alle diesem Knoten entsprechenden Elemente bereits in der Liste $\sum \Delta EL$ enthalten sind. Wenn dies der Fall ist, wird dieser Knoten aus dem FE-System gelöscht und in die Liste ΔKL_q eingefügt.

In diesem Abschnitt wird zunächst eine einfache Methode zur Erkennung der gelöschten Elemente vorgestellt. Diese Methode führt zu einem großen Rechenzeitaufwand, da für jedes Element des Werkstücks geprüft wird, ob dieses Element in der Swept-Fläche des Werkstücks liegt bzw. gelöscht wird. Zur Reduktion des Rechenzeitaufwands wird die Spatial-Partitioning-Technik eingesetzt. Mit dieser Technik wird das initiale Werkstück in viele kleine Räume unterteilt. Nach dieser Unterteilung wird identifiziert, welche dieser kleinen Räume sich mit der Swept-Fläche des Werkzeugs überschneiden. Es wird danach nur für jedes

Element in den identifizierten Räumen geprüft, ob dieses Element in der Swept-Fläche des Werkzeugs liegt bzw. gelöscht wird. Darüber hinaus wird die Spatial-Partitioning-Technik mit einer neuen Methode kombiniert, die auf Basis der Besonderheit der außenliegenden Elemente entwickelt wird. In der kombinierten Methode wird die Anzahl der zu prüfenden Elemente weiter reduziert, indem nur die außenliegenden Elemente des Werkstücks berücksichtigt werden. Auf Basis dieser kombinierten Methode werden die gelöschten Elemente für alle Zwischenzustände erkannt. Somit ist die Spalte ΔEL (siehe Abb. 4.2) generiert. Darauf basierend wird die Spalte ΔKL (siehe Abb. 4.2) generiert, in der die gelöschten Knoten für alle Zwischenzustände gespeichert werden.

4.3 Aktualisierung der Systemmatrizen der Zwischenzustände des Werkstücks

Updating the system matrices of the intermediate states of the workpiece

Die Modelldaten aller Zwischenzustände des dünnwandigen Werkstücks werden in den Element-, Knoten- und Zwischenzustandstabellen gespeichert. Zur Berechnung der statischen und dynamischen Eigenschaften des Werkstücks ist es erforderlich, auf Basis der gespeicherten Modelldaten die Systemmatrizen aller Zwischenzustände aufzubauen. In diesem Abschnitt wird der Aufbau der variierenden Systemmatrizen des dünnwandigen Werkstücks erläutert.

Für den ersten Zwischenzustand $q = 1$ des Werkstücks werden die Systemmatrizen durch die Aufsummierung aller elementaren Matrizen in der Elementtabelle aufgebaut:

$$M_{sys,1} = \sum_{i=1}^{N} M_i, \tag{4.4}$$

$$K_{sys,1} = \sum_{i=1}^{N} K_i, \tag{4.5}$$

mit:

- $M_{sys,1}$: initiale Systemmassenmatrix,
- N : Anzahl der Elemente,
- M_i : elementare Massenmatrix des Elements i,
- $K_{sys,1}$: initiale Systemsteifigkeitsmatrix,
- K_i : elementare Steifigkeitsmatrix des Elements i.

Für einen beliebigen anderen Zwischenzustand $q > 1$ werden die Systemmatrizen nicht erneut aufgebaut, sondern durch Aktualisierung der Systemmatrizen des vorherigen Zwischenzustands $q-1$ generiert. Zunächst werden die elementaren Matrizen aller gelöschten Elemente in ΔEL_q (siehe Abb. 4.2) aufsummiert:

$$\Delta M_q = \sum_j M_j, \tag{4.6}$$

$$\Delta K_q = \sum_j K_j, \tag{4.7}$$

mit:

- ΔM_q: Summe der elementaren Massenmatrizen, die den aus dem Zwischenzustand $q-1$ gelöschten Elementen entsprechen,
- M_j : elementare Massenmatrix des Elements j,
- $j \in \Delta EL_q$, wobei ΔEL_q die Liste der aus dem Zwischenzustand $q-1$ gelöschten Elemente ist,
- ΔK_q: Summe der elementaren Steifigkeitsmatrizen, die den aus dem Zwischenzustand $q-1$ gelöschten Elementen entsprechen,
- K_j : elementare Steifigkeitsmatrix des Elements j.

Anschließend werden die elementaren Matrizen der gelöschten Elemente aus den Systemmatrizen des vorherigen Zwischenzustands subtrahiert:

$$M_{sys,q} = M_{sys,q-1} - \Delta M_q, \tag{4.8}$$

$$K_{sys,q} = K_{sys,q-1} - \Delta K_q, \tag{4.9}$$

mit:

- $M_{sys,q}$: Systemmassenmatrix des Zwischenzustands q,
- $M_{sys,q-1}$: Systemmassenmatrix des Zwischenzustands $q-1$,
- $K_{sys,q}$: Systemsteifigkeitsmatrix des Zwischenzustands q,
- $K_{sys,q-1}$: Systemsteifigkeitsmatrix des Zwischenzustands $q-1$.

In diesem Abschnitt werden die Systemmatrizen für den ersten Zwischenzustand des Werkstücks durch die Aufsummierung aller elementaren Matrizen aufgebaut. Darauf basierend werden die Systemmatrizen weiterer Zwischenzustände durch die Aktualisierung der bereits vorhandenen Systemmatrizen generiert.

4.4 Zwischenfazit

Interim conclusion

In diesem Kapitel wird zunächst eine Datenstruktur zur Verwaltung der Modelldaten aller Zwischenzustände des dünnwandigen Werkstücks entwickelt. Diese Datenstruktur besteht aus den Element-, Knoten- und Zwischenzustandstabellen. In den Element- und Knotentabellen werden die Modelldaten des ersten Zwischenzustands des dünnwandigen Werkstücks gespeichert, die aus dem in Abaqus neu aufgebauten FE-Modell exportiert werden. Zur Generierung der Modelldaten weiterer Zwischenzustände wird kein FE-Modell in Abaqus erneut aufgebaut, sondern nur für jeden Zwischenzustand die gelöschten Elemente und Knoten aus dem vorderen Zwischenzustand in eine Zustandstabelle gespeichert.

Zur Erkennung der gelöschten Elemente wird die Spatial-Partitioning-Technik mit einer neuen Methode kombiniert, die auf Basis der Besonderheit der außenliegenden Elemente entwickelt wird. Auf Grundlage der erkannten gelöschten Elemente wird eine Methode entwickelt, die die gelöschten Knoten identifiziert. Die identifizierten gelöschten Elemente und Knoten werden jeweils in den Spalten ΔEL und ΔKL der Zwischenzustandstabelle gespeichert.

Auf Basis der gespeicherten Modelldaten in den Element- und Knotentabellen werden die Systemmatrizen für den ersten Zwischenzustand des Werkstücks durch die Aufsummierung aller elementaren Matrizen zusammengebaut. Zur Generierung der Systemmatrizen für jeden weiteren Zwischenzustand werden die elementaren Matrizen der in der Zwischenzustandstabelle gespeicherten gelöschten Elemente aufsummiert. Die Systemmatrizen dieses Zwischenzustands ergeben sich durch die Subtraktion dieser aufsummierten elementaren Matrizen von den Systemmatrizen des vorderen Zwischenzustands. Durch den Aufbau der Systemmatrizen aller Zwischenzustände auf Basis der gespeicherten Modelldaten ist vorbereitet, die variierenden statischen und dynamischen Eigenschaften des dünnwandigen Werkstücks mit numerischen Methoden zu berechnen.

5 Berechnung variierender statischer Nachgiebigkeit von dünnwandigen Werkstücken

Calculation of variable static receptance of thin-walled workpieces

Während der Bearbeitung dünnwandiger Werkstücke können Formfehler wegen der großen werkstückseitigen statischen Nachgiebigkeit auftreten. Die Vermeidung dieser Formfehler ohne aufwendige Bearbeitungsversuche ist erst dann möglich, wenn die variierende statische Nachgiebigkeit des Werkstücks vorhergesagt werden kann. In diesem Kapitel wird eine Vorgehensweise zur Vorhersage dieser variierenden statischen Nachgiebigkeit des Werkstücks vorgestellt (Abschnitt 5.1). Hierfür ist die Lösung eines statischen Gleichungssystems erforderlich, was jedoch zeitaufwendig ist. Die im Stand der Technik zusammengefassten direkten und iterativen Lösungsmethoden des statischen Gleichungssystems werden in Abschnitten 5.2 bis 5.5 weiterentwickelt, um die variierende statische Nachgiebigkeit des dünnwandigen Werkstücks effizient und präzise zu berechnen.

5.1 Vorgehensweise zur Vorhersage der statischen Nachgiebigkeit

Procedure for predicting static receptance

Eine allgemeine Vorgehensweise zur Vorhersage der variierenden statischen Nachgiebigkeit des dünnwandigen Werkstücks wird in diesem Abschnitt vorgestellt. Diese Vorgehensweise zur Vorhersage der statischen Nachgiebigkeit für den Zwischenzustand q des Werkstücks wird durch die Beobachtung der Methode zur Messung der statischen Nachgiebigkeit inspiriert. In der in Abb. 2.6 dargestellten Messmethode wird eine Kraft f an der Messstelle der zu messenden Struktur aufgebracht. Die resultierende Verlagerung u an dieser Stelle wird gemessen. Das Verhältnis zwischen u und f ist die statische Nachgiebigkeit g der zu messenden Struktur an der Messstelle. Die Vorhersage der statischen Nachgiebigkeit für den Zwischenzustand q des dünnwandigen Werkstücks kann als eine virtuelle Messung betrachtet werden. Diese virtuelle Messung besteht aus den sechs Schritten in Abb. 5.1, die nachfolgend detailliert beschrieben werden.

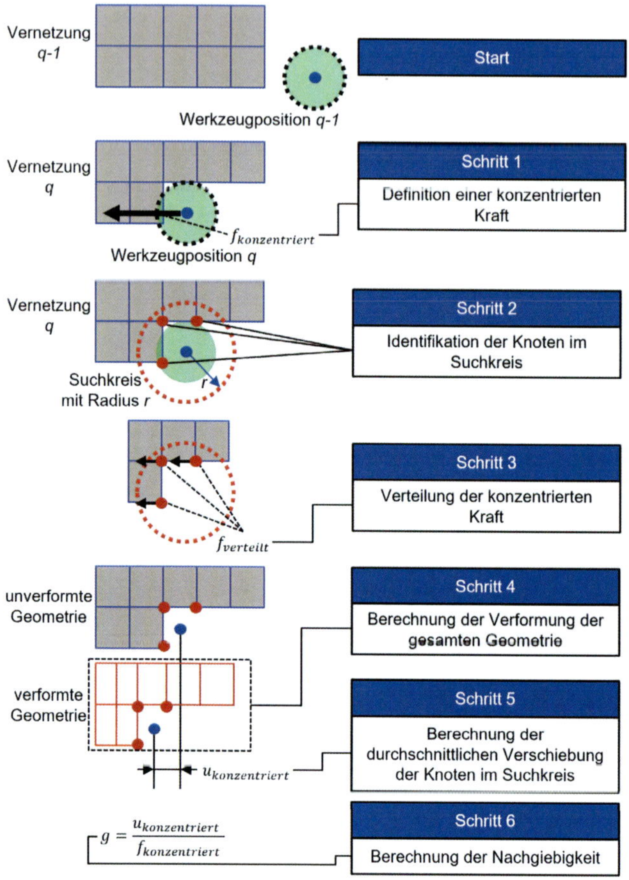

Abbildung 5.1: Prozess zur Berechnung der statischen Nachgiebigkeit

Im ersten Schritt wird eine konzentrierte statische Kraft $f_{konzentriert}$ in einer beliebigen orthogonalen Richtung i definiert. Anschließend werden im zweiten Schritt die Knoten im Suchkreis mit einem Radius von r um die Werkzeugspitze identifiziert und in einer Liste $LoadNodes$ gespeichert. Die konzentrierte Kraft $f_{konzentriert}$ wird gleichmäßig auf den identifizierten Knoten entlang der orthogonalen Richtung i verteilt (Schritt 3). Jede einzelne verteilte Kraft errechnet sich aus:

$$f_{verteilt} = \frac{f_{konzentriert}}{N_{LN}}, \tag{5.1}$$

mit:

- N_{LN}: Anzahl der Knoten in der Liste $LoadNodes$.

Die Indizes der durch die verteilten Kräfte belasteten Freiheitsgrade werden in einer Liste $LoadIndices$ gespeichert. Die verteilten Kräfte werden als ein Kraftvektor r_q beschrieben:

$$r_q = [r_{q,1}, \cdots, r_{q,n}, \cdots, r_{q,N}]^T. \tag{5.2}$$

Hierbei ist $r_{q,n}$ der n-te Eintrag im Kraftvektor r_q. Der Eintrag $r_{q,n}$ beträgt 0, wenn $n \notin LoadIndices$ ist. Ansonsten ist $r_{q,n}$ eine einzelne verteilte Kraft $f_{verteilt}$. Danach wird der Verschiebungsvektor u_q des FE-Modells unter der Last r_q durch die Lösung der folgenden Gleichung berechnet (Schritt 4):

$$K_{sys,q} \cdot u_q = r_q, \tag{5.3}$$

mit:

- $K_{sys,q}$: Systemsteifigkeitsmatrix für den Zwischenzustand q.

Aus dem Verschiebungsvektor u_q für alle Freiheitsgrade des FE-Systems werden die Verschiebungen für alle belasteten Knoten extrahiert (Schritt 5). Auf Basis dieser extrahierten Verschiebungen und der aufgebrachten Kraft $f_{konzentriert}$ wird die statische Nachgiebigkeit für den Zwischenzustand q berechnet (Schritt 6):

$$g_{i,j} = \frac{u_j}{f_{konzentriert}}, \tag{5.4}$$

mit:

- $g_{i,j}$: statische Nachgiebigkeit,
- u_j: durchschnittlicher Wert der extrahierten Verschiebungen in Richtung j für die Knoten in der Liste $LoadNodes$,
- $f_{konzentriert}$: konzentrierte Kraft,
- i: Richtung der konzentrierten Kraft $f_{konzentriert}$,
- j: Richtung der Verschiebungen der belasteten Knoten in der Liste $LoadNodes$.

In dieser vorgestellten Vorgehensweise werden eine Anregungskraft definiert und die resultierenden Verschiebungen der belasteten Knoten berechnet. Auf Basis dieser Anregungskraft und dieser Verschiebungen errechnet sich die statische Nachgiebigkeit der belasteten Stelle. Es ist zu berücksichtigen, dass die statische Gleichung Gl. 5.3 im vierten Schritt gelöst wird. Die Lösung dieser Gleichung ist die aufwendigste Aufgabe in der obengenannten Vorgehensweise zur Berechnung der statischen Nachgiebigkeit für den Zwischenzustand q. Zur Berechnung der statischen Nachgiebigkeit für alle Zwischenzustände des dünnwandigen Werkstücks ist es erforderlich, die Lösung von Gl. 5.3 für alle Zwischenzustände zu wiederholen. Dies führt zu einem großen Rechenaufwand. Im Folgenden werden die direkten und iterativen Lösungsmethoden des statischen Gleichungssystems erweitert und beschleunigt, um den Rechenaufwand zu reduzieren.

5.2 Beschleunigte direkte Cholesky-Methode

Accelerated direct Cholesky method

Die Cholesky-Methode ist eine direkte Methode, die zur Lösung des statischen Gleichungssystems Gl. 5.3 geeignet ist. Der aufwendigste Schritt der Cholesky-Methode ist die Cholesky-Zerlegung (siehe Abschnitt 2.3) der Systemsteifigkeitsmatrix. Eine intuitive Idee zur Beschleunigung der Cholesky-Zerlegung für einen Zwischenzustand q des dünnwandigen Werkstücks ist, die Ergebnisse der Cholesky-Zerlegung des vorhergehenden Zwischenzustands $q-1$ zu verwenden. Diese intuitive Idee ist erst dann realisierbar, wenn die Cholesky-Faktoren für die Zwischenzustände q und $q-1$ teilweise identisch sind. In diesem Abschnitt wird zunächst eine besondere Eigenschaft der Cholesky-Zerlegungen erläutert, die die Machbarkeit der intuitiven Idee zur Beschleunigung der Cholesky-Zerlegung zeigt. Darauf basierend wird eine Methode zur Beschleunigung der Cholesky-Methode entwickelt.

Besondere Eigenschaft der Cholesky Zerlegung

Die Machbarkeit der intuitiven Idee zur Beschleunigung der Cholesky-Zerlegung wird anhand eines Beispiels in Abb. 5.2 diskutiert. Der Balken $B1$ ist der ursprüngliche Balken mit insgesamt fünf Elementen und fünf Knoten. Hierbei wird angenommen, dass der Balken eindimensional ist und in horizontaler Richtung verformen kann. Daher hat der Balken fünf Freiheitsgrade, wobei jeder Knoten einen Freiheitsgrad hat. Zur Erstellung der Systemsteifigkeitsmatrix K_{B1} für $B1$ werden die elementaren Steifigkeitsmatrizen K_{E_0}, K_{E_1}, K_{E_2}, K_{E_3} und K_{E_4} der Elemente E_0 , E_1, E_2, E_3 und E_4 aufsummiert:

$$K_{B1} = K_{E_0} + K_{E_1} + K_{E_2} + K_{E_3} + K_{E_4} = \begin{pmatrix} k_0+k_1 & -k_1 & 0 & 0 & 0 \\ -k_1 & k_1+k_2 & -k_2 & 0 & 0 \\ 0 & -k_2 & k_2+k_3 & -k_3 & 0 \\ 0 & 0 & -k_3 & k_3+k_4 & -k_4 \\ 0 & 0 & 0 & -k_4 & k_4 \end{pmatrix}. \quad (5.5)$$

Da $B1$ fünf Freiheitsgrade hat, ist K_{B1} auf der linken Seite von Gl. 5.5 eine 5×5 Matrix. Daher ist es erforderlich, die elementaren Steifigkeitsmatrizen in Gl. 5.5 als 5×5 Matrizen

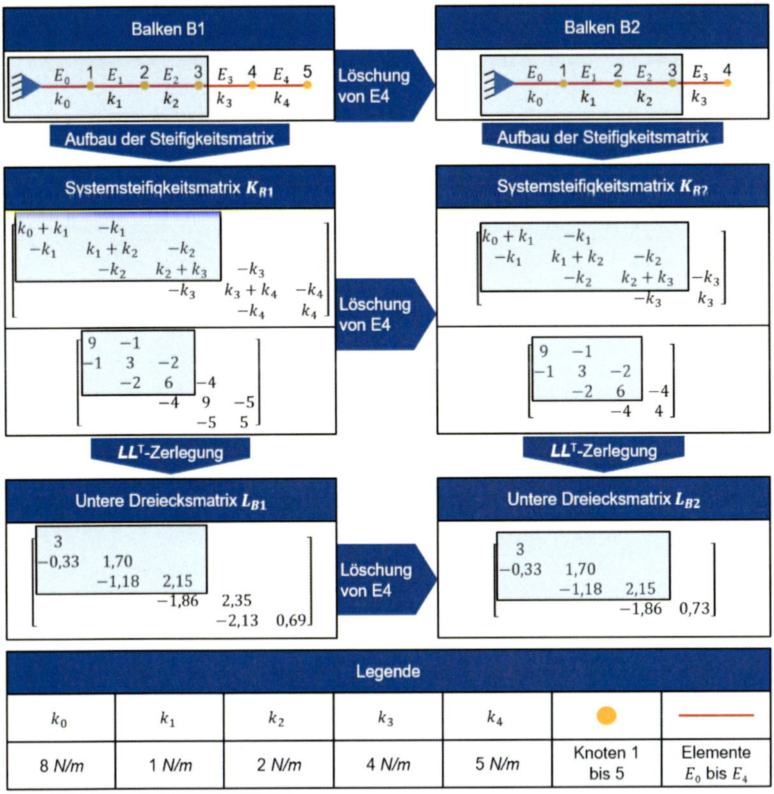

Abbildung 5.2: Beispiel zur Verdeutlichung der Beschleunigung der Cholesky-Zerlegung

zu erstellen. Beispielsweise ist K_{E_4} eine dünn besetzte 5×5 Matrix mit nur vier Nicht-Null-Einträgen:

$$K_{E_4} = \begin{pmatrix} 0 & 0 & 0 & 0 & 0 \\ 0 & 0 & 0 & 0 & 0 \\ 0 & 0 & 0 & 0 & 0 \\ 0 & 0 & 0 & k_4 & -k_4 \\ 0 & 0 & 0 & -k_4 & k_4 \end{pmatrix}. \tag{5.6}$$

Durch die Entfernung des Elements $E4$ aus dem Balken $B1$ entsteht der Balken $B2$. Zum Aufbau der Systemsteifigkeitsmatrix für $B2$ wird die elementare Steifigkeitsmatrix K_{E_4} von der Systemsteifigkeitsmatrix K_{B1} subtrahiert:

$$\overline{K_{B2}} = K_{B_1} - K_{E_4} = \begin{pmatrix} k_0 + k_1 & -k_1 & 0 & 0 & 0 \\ -k_1 & k_1 + k_2 & -k_2 & 0 & 0 \\ 0 & -k_2 & k_2 + k_3 & -k_3 & 0 \\ 0 & 0 & -k_3 & k_3 & 0 \\ 0 & 0 & 0 & 0 & 0 \end{pmatrix}. \tag{5.7}$$

Da durch die Lösung des Elements $E4$ der fünfte Knoten aus dem Balken gelöscht wird, sind die fünfte Zeile und die fünfte Spalte von $\overline{K_{B2}}$ nur mit Null-Einträgen besetzt. Wegen der vollständig mit Null-Einträgen besetzten Zeile und Spalte ist $\overline{K_{B2}}$ eine singuläre Matrix, für die eine Cholesky-Zerlegung nicht möglich ist. Zur Durchführung der Cholesky-Zerlegung werden die fünfte Zeile und die fünfte Spalte aus $\overline{K_{B2}}$ entfernt. Dadurch entsteht die 4×4 Matrix K_{B2}:

$$K_{B2} = \begin{pmatrix} k_0 + k_1 & -k_1 & 0 & 0 \\ -k_1 & k_1 + k_2 & -k_2 & 0 \\ 0 & -k_2 & k_2 + k_3 & -k_3 \\ 0 & 0 & -k_3 & k_3 \end{pmatrix}. \tag{5.8}$$

Die Knoten 1, 2 und 3 sind nicht dem Element $E4$ zugehörig. Daher werden diese Knoten nicht durch die Löschung des Elements $E4$ beeinflusst. Dies führt dazu, dass die blau markierten 3×3 Submatrizen der Systemsteifigkeitsmatrizen K_{B1} und K_{B2} identisch sind (in Abb. 5.2). Durch die Cholesky-Zerlegung der Systemsteifigkeitsmatrizen K_{B1} und K_{B2} mit Algorithmus 1 (Abschnitt 2.3.1) werden die unteren Dreiecksmatrizen L_{B1} und L_{B2} berechnet, die ebenfalls die 3×3 identischen Submatrizen haben. Dabei ist es möglich, den Rechenzeitbedarf für diese Submatrix in L_{B2} einzusparen, weil die untere Dreiecksmatrix L_{B1} bereits zur Verfügung steht.

Durch die Beobachtung dieses Beispiels und die Analyse von Algorithmus 1 in Abschnitt 2.3.1 ist eine Eigenschaft der Cholesky-Zerlegung zu erkennen:

- Es wird angenommen, dass L_{q-1} und L_q die unteren Cholesky-Faktoren von K_{q-1} und K_q sind, wobei K_q durch die Löschung oder die Änderung der i-ter Spalte und i-ter Zeile von K_q entsteht. Unter dieser Annahme sind die Submatrizen $L_{q-1}[1 : i-1, 1 : i-1]$ und $L_q[1 : i-1, 1 : i-1]$ von L_{q-1} und L_q identisch.

Diese Eigenschaft zeigt, dass die Cholesky-Faktoren der Zwischenzustände q und $q-1$ teilweise identisch sein können. Die Größe $i-1$ der identischen Submatrizen in diesen Cholesky-Faktoren wird durch den Zeilen- und Spaltenindex i bestimmt, ab welchem die Systemsteifigkeitsmatrix durch den Materialabtrag des Werkstücks bzw. die Elemententfernung aus dem FE-Modell beeinflusst wird. Auf Basis dieser Eigenschaft wird im Folgenden eine Methode zur Wiederverwendung der identischen Submatrix der Cholesky-Faktoren entwickelt, um die Rechenzeit der Cholesky-Zerlegung zu reduzieren. Diese Methode wird nachfolgend als beschleunigte Cholesky-Methode bezeichnet.

Umordnung der Systemsteifigkeitsmatrix

Der Kern der beschleunigten Cholesky-Methode ist die Umordnung der Zeilen und Spalten der Systemsteifigkeitsmatrix des FE-Systems auf Basis der Sequenz der Elemententfernung des dünnwandigen Werkstücks. Dies zielt darauf ab, die durch die Elemententfernung betroffenen Zeilen und Spalten in der Systemsteifigkeitsmatrix nach unten und rechts zu verschieben. Die Umordnung der Zeilen und Spalten der Systemsteifigkeitsmatrix wird durch die Umordnung der Knoten des FE-Systems realisiert. Die Methode zur Umordnung der Knoten wird anhand eines Beispiels in Abb. 5.3 veranschaulicht. Die Vernetzung in diesem Beispiel besteht aus vier Elementen und neun Knoten. In der ursprünglichen Knotenliste werden die Knoten-IDs von 1 bis 9 nacheinander gespeichert. Zur Umordnung dieser Knotenliste wird zunächst der Speicherplatz für eine neue Knotenliste reserviert. Die Variablen $Pointer_{front}$ und $Pointer_{back}$ zeigen jeweils auf die erste Position und die neunte Position der neuen Knotenliste. Anschließend wird ein virtueller Bearbeitungsprozess durchgeführt, der zwei Bearbeitungsschritte umfasst. Im ersten Bearbeitungsschritt wird das Element $E1$ entfernt. Dies betrifft die Knoten 1, 2, 8 und 9, die dem Element $E1$ zugehörig sind. Diese Knoten werden in vier Positionen der Knotenliste eingefügt, wobei die erste Position des Einfügens durch $Pointer_{back}$ gezeigt wird. Nach dem Einfügen dieser vier Knoten zeigt $Pointer_{back}$ auf die fünfte Position der Knotenliste, welche die letzte leere Position in der Knotenliste ist. Im zweiten Bearbeitungsschritt werden die Knoten 6, 7, 8 und 9 durch das Entfernen des Elements $E2$ betroffen. Da sich die Knoten 8 und 9 bereits in der Knotenliste befinden, werden nur die Knoten 6 und 7 in die Knotenliste eingefügt, wobei die fünfte Position der Knotenliste als die erste Position des Einfügens durch $Pointer_{back}$ gezeigt wird. Nach dem virtuellen Bearbeitungsprozess werden die Knoten 3, 4 und 5 nicht betroffen. Schließlich werden diese drei Knoten in die Knotenliste eingefügt, wobei die erste Position der Knotenliste als die erste Position des Einfügens durch $Pointer_{front}$ gezeigt wird.

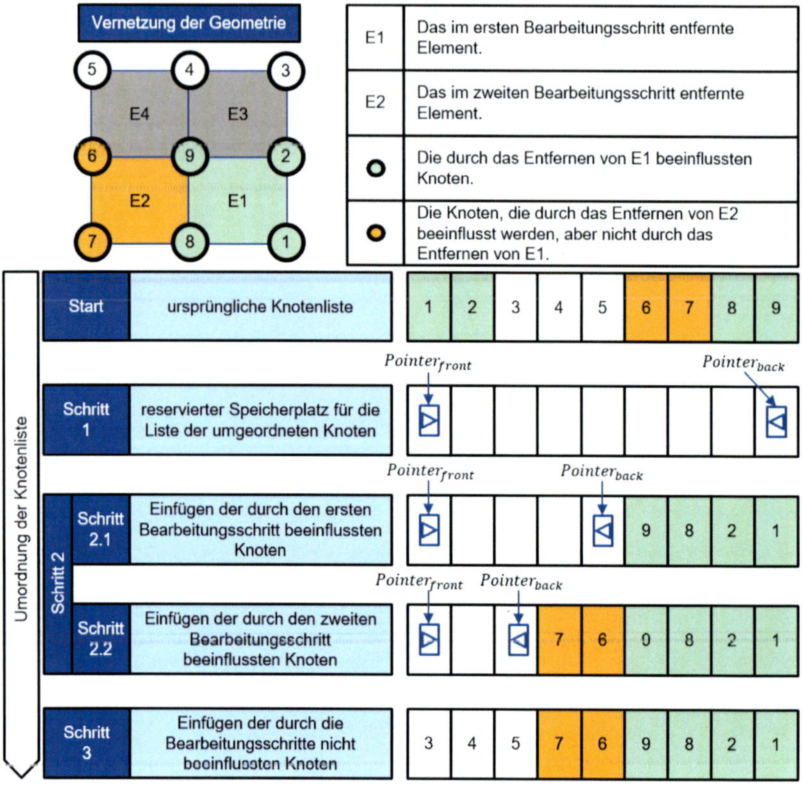

Abbildung 5.3: Beispiel zur Umordnung einer Knotenliste

Die für das Beispiel in Abb. 5.3 vorgestellte Methode zur Umordnung der Knoten kann generalisiert werden. Zunächst wird eine leere Knotenliste zur Speicherung der umgeordneten Knoten initialisiert. Die Variablen $Pointer_{front}$ und $Pointer_{back}$ zeigen jeweils die erste und die letzte Position der leeren Knotenliste. Anschließend werden die durch den Materialabtrag bzw. die Entfernung der Elemente betroffenen Knoten von hinten in die leere Knotenliste eingefügt, wobei die erste Position des Einfügens durch $Pointer_{back}$ gezeigt wird. Schließlich werden die durch den Bearbeitungsprozess nicht betroffenen Knoten von vorne an in die Knotenliste eingefügt, wobei die erste Position des Einfügens durch $Pointer_{front}$ gezeigt wird.

Auf Basis der umgeordneten Knotenliste wird eine Permutationsmatrix $P1$ erstellt, die für die Umordnung der Zeilen und Spalten der Systemsteifigkeitsmatrix erforderlich ist. Der Aufbau dieser Permutationsmatrix $P1$ wird anhand des Beispiels in Abb. 5.4 vorgestellt. In diesem Beispiel wird die in Abb. 5.3 umgeordnete Knotenliste mit neun Knoten verwendet. Es wird angenommen, dass jeder Knoten zwei Freiheitsgrade hat. Durch die Iteration über die umgeordnete Knotenliste wird zunächst eine Liste der Freiheitsgrade mit einer Länge von 18 erstellt. Anschließend wird eine 18×18 Nullmatrix als $P1$ initialisiert. Die Permutationsmatrix $P1$ wird vervollständigt, indem Einsen in diese 18×18 Nullmatrix gemäß der Liste der Freiheitsgrade eingefügt werden. Für den Freiheitsgrad i, der sich auf der j-ten Position in der Liste der Freiheitsgrade befindet, wird ein Eins in $P1$ eingefügt:

$$P1_{i,j} = 1. \tag{5.9}$$

Das Einfügen der Einsen in Gl. 5.9 wird für alle 18 Freiheitsgrade durchgeführt. Dadurch wird $P1$ vervollständigt. Nach jedem Bearbeitungsschritt wird die Anzahl der Freiheitsgrade, die durch den Bearbeitungsprozess noch nicht betroffen sind, in einer Liste $DoF_{unchanged}$ von Key-Value-Paaren gespeichert. Hierbei sind die Anzahlen der nicht betroffenen Freiheitsgrade nach dem Bearbeitungsschritt 1 und dem Bearbeitungsschritt 2 als zwei Key-Value-Paare $1 \rightarrow 10$ und $2 \rightarrow 6$ in $DoF_{unchanged}$ gespeichert.

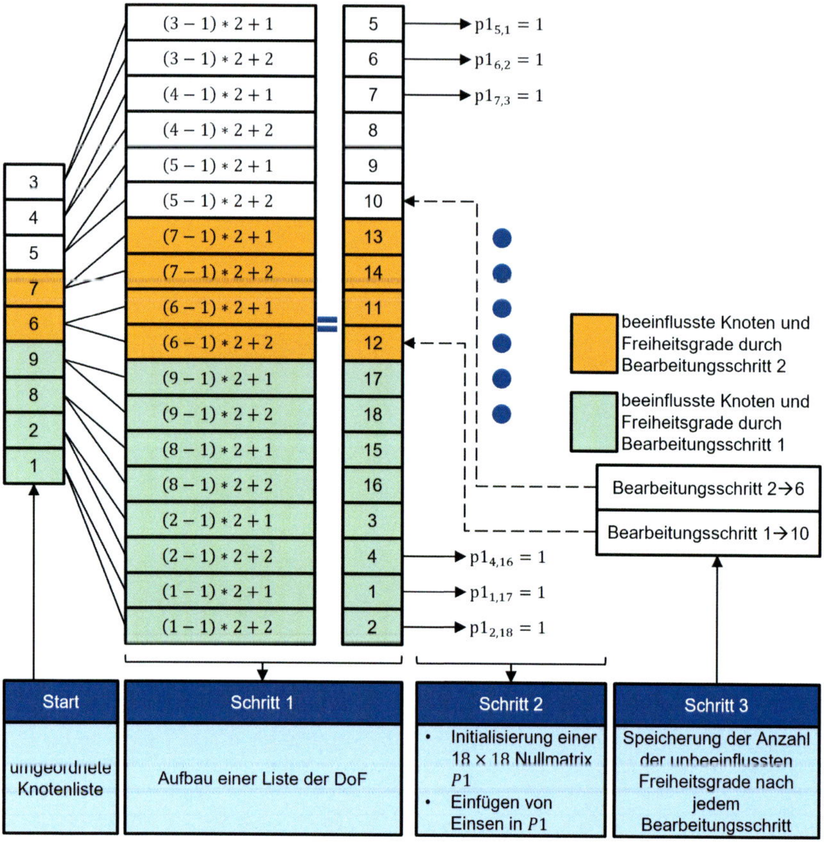

Abbildung 5.4: Aufbau der Permutationsmatrix $P1$

Nach dem Aufbau der Permutationsmatrix $P1$ wird die Systemsteifigkeitsmatrix umgeordnet. Es wird angenommen, dass die mit Gl. 4.5 aufgebaute Systemsteifkeitsmatrix $K_{sys,1}$ für den ersten Zwischenzustand des Werkstücks eine $n \times n$ Matrix ist. Diese Systemsteifkeitsmatrix wird durch die Multiplikationen mit $P1^T$ und $P1$ umgeordnet:

$$\overline{K_{um,sys,1}} = P1^T \cdot K_{sys,1} \cdot P1. \tag{5.10}$$

Zur effizienten Durchführung der Cholesky-Zerlegung wird die mit $P1$ umgeordneten Matrix $\overline{K_{um,sys,1}}$ weiter umgeordnet. Die ersten m Zeilen und Spalten in $K_{um,sys,1}$ werden in einer Matrix $\overline{K_{um,oben,links}}$ gespeichert, wobei m die Anzahl der unbeeinflussten Freiheitsgrade nach dem gesamten Bearbeitungsprozess ist. Für diese $m \times m$ Matrix $\overline{K_{um,oben,links}}$ wird der AMD-Algorithmus (siehe Abschnitt 2.3.3) verwendet, um eine $m \times m$ Permutationsmatrix

$\overline{P2}$ aufzubauen. Es ist erforderlich, die $m \times m$ Permutationsmatrix $\overline{P2}$ auf eine $n \times n$ Permutationsmatrix zu erweitern, um die Matrix $\overline{K_{um,sys,1}}$ umzuordnen. Daher wird zunächst eine $n \times n$ Einheitsmatrix $P2$ initialisiert. Anschließend werden die ersten m Zeilen und Spalten in $P2$ durch $\overline{P2}$ ersetzt. Die Matrix $\overline{K_{um,sys,1}}$ wird mit $P2$ umgeordnet:

$$K_{um,sys,1} = P2^T \cdot \overline{K_{um,sys,1}} \cdot P2. \tag{5.11}$$

Es ist zu berücksichtigen, dass die beiden durchgeführten Umordnungen mit $P1$ und $P2$ zwei unterschiedliche Ziele haben. Die Umordnung mit $P1$ führt dazu, dass eine große $m \times m$ Submatrix in den Cholesky-Faktoren aller Zwischenzustände konstant bleibt. Hingegen reduziert die Umordnung mit $P2$ das Fill-In bei der Berechnung des Cholesky-Faktors für den ersten Zwischenzustand des Werkstücks.

Cholesky-Zerlegung für den ersten Zwischenzustand des Werkstücks

Die beiden Umordnungen von $K_{sys,1}$ mit $P1$ und $P2$ können durch eine einzelne Umordnung ersetzt werden:

$$K_{um,sys,1} = P^T \cdot K_{sys,1} \cdot P, \tag{5.12}$$

mit:

$$P = P1 \cdot P2. \tag{5.13}$$

Nach der Durchführung der Umordnung mit P wird der untere Cholesky-Faktor $G_{um,sys,1}$ der umgeordneten Systemstefigkeitsmatrix $K_{um,sys,1}$ mit Algorithmus 2 (siehe Abschnitt 2.3.5) berechnet. Auf Basis dieses unteren Cholesky-Faktors $G_{um,sys,1}$ und der Permutationsmatrix P wird der Verlagerungsvektor u_1 berechnet (siehe Abschnitt 2.3.6). Somit ist Gl. 5.3 für den ersten Zwischenzustand des Werkstücks gelöst.

Cholesky-Zerlegung für die weiteren Zwischenzustände des Werkstücks

Zur Lösung von Gl. 5.3 für einen beliebigen Zwischenzustand $q \in [2, 3, \cdots]$ wird zunächst die mit Gl. 4.9 aufgebaute Systemsteifigkeitsmatrix $K_{sys,q}$ umgeordnet:

$$K_{um,sys,q} = P^T \cdot K_{sys,q} \cdot P. \tag{5.14}$$

Es ist zu berücksichtigen, dass eine Vielzahl von Knoten, die in der Spalte ΔK der Zwischenzustandstabelle (siehe Abb. 4.2) gespeichert werden, durch den Materialabtrag gelöscht sind. Die den gelöschten Knoten entsprechenden Zeilen und Spalten in $K_{sys,q}$ werden nur mit Null-Einträgen besetzt. Dies führt dazu, dass $K_{sys,q}$ singulär ist. Somit ist die durch die Umordnung der Matrix $K_{sys,q}$ entstehende Matrix $K_{um,sys,q}$ ebenfalls singulär. Da die Cholesky-

Zerlegung einer singulären Matrix nicht möglich ist, ist eine Modifikation der Matrix $K_{um,sys,q}$ erforderlich. Hierbei wird eine Selektionsmatrix S_{Spalte} aufgebaut:

$$S_{Spalte}(i, j+1) = 1, \tag{5.15}$$

mit:

- i: Der Index einer Spalte in $K_{um,sys,q}$, in der mindestens ein Nicht-Null-Eintrag vorhanden ist,
- j: Die Anzahl der bereits in S_{Spalte} eingefügten Eisen.

Nach dem Aufbau der Selektionsmatrix wird $K_{um,sys,q}$ modifiziert:

$$K_{um,sys,q} = S_{Zeile} \cdot K_{um,sys,q} \cdot S_{Spalte}, \tag{5.16}$$

mit:

$$S_{Zeile} = S_{Spalte}^T. \tag{5.17}$$

Der Aufbau und die Anwendung der Selektionsmatrix wird anhand eines einfachen Beispiels erläutert. Es wird angenommen, dass die ursprüngliche Matrix $K_{um,sys,q}$ eine 4×4 Matrix ist:

$$K_{um,sys,q} = \begin{pmatrix} 0 & 0 & 0 & 0 \\ 0 & * & 0 & * \\ 0 & 0 & 0 & 0 \\ 0 & * & 0 & * \end{pmatrix}. \tag{5.18}$$

In dieser Matrix wird jeder Nicht-Null-Eintrag als ein Sternchen bezeichnet. Es wird für jede Spalte in $K_{um,sys,q}$ anhand Gl. 5.15 geprüft, ob eine Eins in S_{Spalte} eingefügt werden soll:

- Vor der Prüfung: Die Anzahl der bereits in S_{Spalte} eingefügten Einsen ist Null.
- Für die erste Spalte: Kein Nicht-Null-Eintrag ist vorhanden. Daher wird keine Eins in $K_{um,sys,q}$ eingefügt.
- Für die zweite Spalte: Zwei Nicht-Null-Einträge sind vorhanden. Daher wird $S_{Spalte}(2, 1)$ auf Eins gesetzt. Somit steigt die Anzahl der bereits in S_{Spalte} eingefügten Einsen auf 1.
- Für die dritte Spalte: Kein Nicht-Null-Eintrag ist vorhanden. Daher wird keine Eins in S_{Spalte} eingefügt.

- Für die vierte Spalte: Zwei Nicht-Null-Einträge sind vorhanden. Daher wird $S_{Spalte}(4,2)$ auf Eins gesetzt. Somit steigt die Anzahl der bereits in S_{Spalte} eingefügten Einsen auf 2.

Die aufgebauten Selektionsmatrizen S_{Spalte} und S_{Zeile} sind jeweils eine 4×2 Matrix und eine 2×4 Matrix:

$$S_{Spalte} = \begin{pmatrix} 0 & 0 \\ 1 & 0 \\ 0 & 0 \\ 0 & 1 \end{pmatrix}, \tag{5.19}$$

$$S_{Zeile} = S_{Spalte}^T = \begin{pmatrix} 0 & 1 & 0 & 0 \\ 0 & 0 & 0 & 1 \end{pmatrix}. \tag{5.20}$$

Durch die Multiplikation mit S_{Spalte} werden die erste und die dritte Spalte in $K_{um,sys,q}$ gelöscht:

$$K_{um,sys,q} \cdot S_{Spalte} = \begin{pmatrix} 0 & 0 \\ * & * \\ 0 & 0 \\ * & * \end{pmatrix}. \tag{5.21}$$

Anschließend wird das Zwischenergebnis von $K_{um,sys,q} \cdot S_{Spalte}$ mit S_{Zeile} multipliziert, um die erste und die dritte Zeile zu löschen:

$$K_{um,sys,q} = S_{Zeile} \cdot (K_{um,sys,q} \cdot S_{Spalte}) = \begin{pmatrix} * & * \\ * & * \end{pmatrix}. \tag{5.22}$$

Es ist anhand dieses Beispiels zu erkennen, dass $K_{um,sys,q}$ nach den Modifikationen keine Zeile oder Spalte hat, die nur mit Null-Einträgen besetzt wird. Somit ist $K_{um,sys,q}$ nicht mehr singulär und somit für eine Cholesky-Zerlegung geeignet.

Es wird angenommen, dass die Anzahl der durch die Modifikation (siehe Gl. 5.16) gelöschten Zeilen und Spalten Δn beträgt. Daher ist $K_{um,sys,q}$ nach der Modifikation eine $(n - \Delta n) \times (n - \Delta n)$ Matrix, wobei n die Anzahl der Zeilen bzw. Spalten von $K_{um,sys,1}$ vor der Modifikation ist. Somit ist der untere Cholesky-Faktor $G_{um,sys,q}$ für den Zwischenzustand q des Werkstücks ebenfalls eine $(n - \Delta n) \times (n - \Delta n)$ Matrix. Die Einträge in $G_{um,sys,q}$ werden in zwei Schritten berechnet. Die ersten $DoF_{unchanged}(q)$ Zeilen und Spalten im unteren Cholesky-Faktor $G_{um,sys,q-1}$ werden zunächst in dieselben Positionen in $G_{um,sys,q}$ eingefügt. Hierbei ist $DoF_{unchanged}(q)$ der q-te Eintrag in der Liste $DoF_{unchanged}$, welcher die Anzahl der im Zwischenzustand q noch nicht beeinflussten Freiheitsgrade beträgt. Anschließend werden die anderen Einträge in $G_{um,sys,q}$ mit Algorithmus 2 (siehe Abschnitt 2.3.5) berechnet. Dadurch erfolgt eine vollständige Berechnung von $G_{um,sys,q}$. Darauf basierend wird der Verlagerungsvektor u_q berechnet (siehe Abschnitt 2.3.6). Somit ist Gl. 5.3 für den Zwischenzustand q des Werkstücks gelöst.

Zusammenfassende Formulierung der beschleunigten Cholesky-Methode

Die vorgestellte beschleunigte Cholesky-Methode zur Lösung der statischen Gleichung Gl. 5.3 für alle Zwischenzustände des dünnwandigen Werkstücks kann in den folgenden Schritten zusammengefasst werden:

- Für $q = 1$, hierbei ist q der Index des Zwischenzustands:

  Eine Permutationsmatrix P zur Umordnung der Systemsteifigkeitsmatrix des ersten Zwischenzustands wird aufgebaut. Beim Aufbau dieser Permutationsmatrix P sind die Sequenz der Elemententfernung und die Anforderung an der Fill-In-Reduktion berücksichtigt. Mit dieser Permutationsmatrix wird die Systemsteifigkeitsmatrix des ersten Zwischenzustands umgeordnet. Anschließend werden alle Einträge im unteren Cholesky-Faktor der umgeordneten Systemsteifigkeitsmatrix mit Algorithmus 2 berechnet. Darauf basierend wird der Verlagerungsvektor des ersten Zwischenzustands berechnet. Somit ist die statische Gleichung Gl. 5.3 für den ersten Zwischenzustand des Werkstücks gelöst.

- Für $q > 1$:

  Die mit Gl. 4.9 aufgebaute singuläre Systemsteifigkeitsmatrix für den Zwischenzustand q wird zunächst mit der Permutationsmatrix P umgeordnet. Anschließend wird diese singuläre umgeordnete Systemsteifigkeitsmatrix mit einer Selektionsmatrix modifiziert, um diese Singularität zu vermeiden. Die modifizierte umgeordnete Systemsteifigkeitsmatrix ist nicht mehr singulär. Somit ist Berechnung des unteren Cholesky-Faktors dieser Systemsteifigkeitsmatrix möglich. Aufgrund der durchgeführten Matrixumordnung haben die Cholesky-Faktoren für die Zwischenzustände q und $q-1$ eine große identische Submatrix. Daher wird diese Submatrix, die für den Zwischenzustand $q-1$ bereits generiert ist, ohne erneute Berechnung direkt in den Cholesky-Faktor des Zwischenzustands q eingefügt. Danach werden die anderen Zeile und Spalten im Cholesky-Faktor des Zwischenzustands q mit Algorithmus 2 berechnet. Auf Basis dieses Cholesky-Faktors erfolgt eine Berechnung des Verlagerungsvektors für den Zwischenzustand q. Somit ist die statische Gleichung Gl. 5.3 für den Zwischenzustand q des Werkstücks gelöst.

Durch die vorbereitende Matrixumordnung wird sichergestellt, dass die Cholesky-Faktoren zweier aufeinanderfolgender Zwischenzustände eine große identische Submatrix haben. Die identische Submatrix wird nur für den ersten Zwischenzustand des Werkstücks berechnet und für die weiteren Zwischenzustände wiederverwendet. Dadurch reduziert die beschleunigte Cholesky-Methode den Aufwand zur Lösung der statischen Gleichung Gl. 5.3. Die Effizienz und die Genauigkeit der beschleunigten Cholesky-Methode werden im nächsten Abschnitt anhand eines Beispiels bewertet.

5.3 Bewertung der beschleunigten Cholesky-Methode

Evaluation of the accelerated Cholesky-method

In diesem Abschnitt werden die Effizienz und die Genauigkeit der beschleunigten Cholesky-Methode bewertet. Hierbei werden sowohl simulative als auch messtechnische Untersuchungen durchgeführt.

Für die simulative Untersuchung wird ein Werkstück ausgelegt, dessen initialer Zustand in Abb. 5.5 dargestellt wird. Bei der virtuellen Bearbeitung bewegt sich ein Schaftfräser entlang einer dünnen Flanke des Werkstücks. Zur Ermittlung der variierenden statischen Nachgiebigkeit der bearbeiteten Flanke werden 47 Zwischenzustände bzw. Werkzeugpositionen berücksichtigt, wobei die 47 Werkzeugpositionen gleichmäßig entlang der Vorschubrichtung verteilt sind.

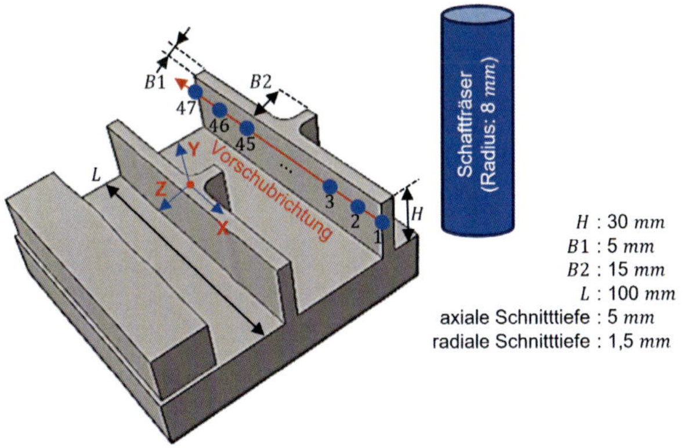

Abbildung 5.5: Numerisches Beispiel eines dünnwandigen Werkstücks

Für jeden Zwischenzustand wird eine statische Nachgiebigkeit mit und ohne Wiederverwendung des Cholesky-Faktors des vorderen Zwischenzustands berechnet. Die dafür benötigte Rechenzeit ist in Abb. 5.6 dargestellt. Die Verwendung der beschleunigten Cholesky-Methode, die den Cholesky-Faktor wiederverwendet, führt zu einer durchschnittlichen Berechnungszeit von 33,3 s, verglichen mit einem Durchschnitt von 63,1 s ohne die Wiederverwendung des Cholesky-Faktors. Dies zeigt eine erhebliche Effizienzsteigerung mit einer Reduktion der Berechnungszeit um 47,2 %. Zusätzlich zur Analyse der durchschnittlichen Rechenzeit wird die dargestellte Variation der Rechenzeit weiter beobachtet. Wenn der Cholesky-Faktor nicht wiederverwendet wird, variiert die Rechenzeit für jede einzelne Werkzeugposition innerhalb eines relativ kleinen Intervalls zwischen 58 s und 73 s. Dies liegt daran, dass nur eine geringe Menge von Material aus dem Werkstück durch den Bearbeitungsprozess entfernt wird. Daher wird die Anzahl der Freiheitsgrade der Systemsteifigkeitsmatrix nur geringfügig verändert. Somit erfordert die erneute Durchführung der Cholesky-Zerlegung für jeden Zwischenzustand eine ungefähr identische Rechenzeit. Hingegen zeigt die Rechenzeit durch die Wiederverwendung des Cholesky-Faktors eine zyklische Variation. Die Ursache der zyklischen Variation kann anhand der ersten fünf Werkzeugpositionen erläutert werden. Für die erste Werkzeugposition ist eine zeitaufwändige vollständige Cholesky-Zerlegung erforderlich, die zu einer Rechenzeit von etwa 70 s führt. Für die zweite Werkzeugposition, die in Bezug auf die Systemsteifigkeitsmatrix der ersten Werkzeugposition am ähnlichsten ist, wird die kürzeste Rechenzeit von 13,1 s benötigt. Für die dritte Werkzeugposition weicht die entsprechende Systemsteifigkeitsmatrix mehr von der Systemsteifigkeitsmatrix des ersten Zwischenzustands ab. Dies führt zu einer Zunahme der Rechenzeit. Dieses Muster setzt sich bis zur sechsten Werkzeugposition fort, bei der die Knoten und die Freiheitsgrade des FE-Systems neu sortiert werden und die Cholesky-Zerlegung neu durchgeführt wird.

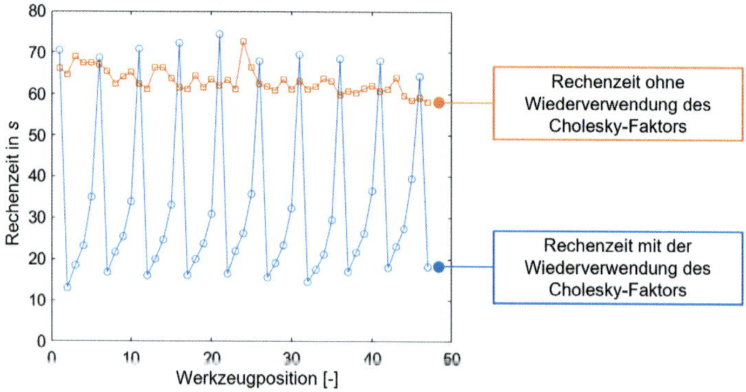

Abbildung 5.6: Zeit zur Berechnung der statischen Nachgiebigkeit

Die simulative Untersuchung zeigt, dass eine große Rechenzeitreduktion durch die Anwendung der beschleunigten Cholesky-Methode realistisch ist. Somit hat die beschleunigte Cholesky-Methode eine hohe Effizienz. Zur Bewertung der Genauigkeit dieser Methode wird ein Bearbeitungsversuch durchgeführt, der dem numerischen Beispiel in Abb. 5.5 entspricht. Der Aufbau des Bearbeitungsversuchs wird in Abb. 5.7 dargestellt. Die Prozesskraft in Z-Richtung wird während des Bearbeitungsprozesses mit einer Kraftmessplattform gemessen. Nach dem Bearbeitungsprozess wird die Verlagerung des Werkstücks entlang der Vorschubrichtung aus der simulierten statischen Nachgiebigkeit und der gemessenen Prozesskraft berechnet. Darüber hinaus wird die Verlagerung des Werkstücks durch eine Messung mit einem Koordinatenmessgerät (KMG) ermittelt. Die simulierten und die mit dem KMG bestimmten Verlagerungen werden als zwei Kurven im unteren Teil in Abb. 5.7 dargestellt. Es ist zu erkennen, dass diese beiden Kurven fast identisch sind. Dies zeigt, dass die beschleunigte Cholesky-Methode die variierende statische Nachgiebigkeit des dünnwandigen Werkstücks mit hoher Genauigkeit vorhersagen kann.

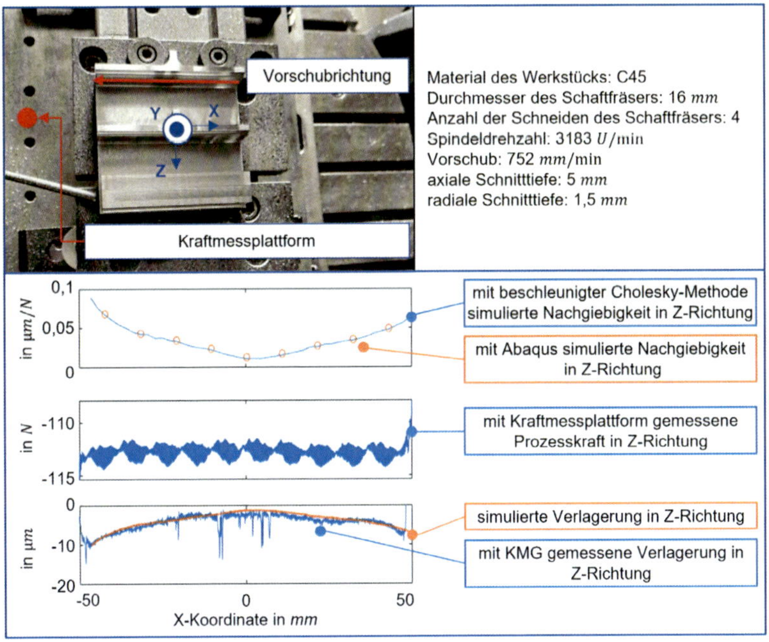

Abbildung 5.7: Bearbeitungsversuch des dünnwandigen Werkstücks

Die durchgeführten simulativen und messtechnischen Untersuchungen zeigen die hohe Effizienz und die gute Genauigkeit der beschleunigten Cholesky-Methode, die eine direkte Lösungsmethode des statischen Gleichungssystems darstellt. Im nächsten Abschnitt wird die Erweiterung und Anwendung einer iterativen Lösungsmethode für das dünnwandige Werkstück weiter erläutert.

5.4 Beschleunigte iterative KG-Methode

Accelerated iterativ CG-method

Die KG-Methode ist eine iterative Methode (siehe Abschnitt 2.4), die zur Lösung des statischen Gleichungssystems geeignet ist. In diesem Abschnitt wird die KG-Methode erweitert, um ihre Effizienz bei der wiederholenden Lösung des statischen Gleichungssystems Gl. 5.3 zu erhöhen.

Der erste Schritt in der iterativen KG-Methode ist der Aufbau eines Start-Iterationsvektors. Durch die Beobachtung der KG-Methode (siehe Abschnitt 2.4) ist zu erkennen, dass die KG-Methode nach einer einzelnen Iteration konvergiert, wenn der verwendete Start-Iterationsvektor mit dem genauen Verlagerungsvektor des statischen Gleichungssystems übereinstimmt. Diese Erkenntnis führt zur folgenden Hypothese:

Hypothese 1 *Die Konvergenzgeschwindigkeit der KG-Methode kann durch die Minimierung der Abweichung zwischen dem Start-Iterationsvektor und dem genauen Verlagerungsvektor erhöht werden.*

Unter der Annahme der Gültigkeit dieser Hypothese kann die Konvergenzgeschwindigkeit der KG-Methode für den Zwischenzustand q eines dünnwandigen Werkstücks durch die folgende Vorgehensweise erhöht werden:

- Aufbau des Start-Iterationsvektors u_q^1 für den Zwischenzustand q, indem die Einträge aus dem berechneten Verlagerungsvektor u_{q-1} des Zwischenzustands $q-1$ ausgewählt werden. Die ausgewählten Einträge entsprechen den gemeinsamen Freiheitsgraden der Zwischenzustände q und $q-1$.
- Berechnung des Verlagerungsvektors u_q für den Zwischenzustand q unter Verwendung des Start-Iterationsvektors u_q^1 mit der KG-Methode.

Die Anwendung dieser Vorgehensweise wird in Abb. 5.8 illustriert. Hierbei werden zwei Vernetzungen, $q-1$ und q, betrachtet, die jeweils den Zwischenzuständen $q-1$ und q entsprechen. Die Vernetzung $q-1$ umfasst 20 Knoten, wobei jeder Knoten einen Freiheitsgrad in horizontaler Richtung hat. Somit hat die Vernetzung $q-1$ insgesamt 20 Freiheitsgrade. Es wird angenommen, dass der Verlagerungsvektor $u_{q-1} \in \mathcal{R}^{20\times 1}$ aus einer vorherigen Simulation bereits bekannt ist. Durch die Entfernung des Elementes $E1$ aus der Vernetzung $q-1$ werden die Knoten $N1$ und $N20$ gelöscht. Dadurch entsteht die Vernetzung q. Die Einträge in u_{q-1}, die den verbleibenden Knoten bzw. Freiheitsgraden in der Vernetzung q

entsprechen, werden ausgewählt, um den Start-Iterationsvektor $u_q^1 \in \mathcal{R}^{18\times1}$ für die Vernetzung q aufzubauen. Unter Verwendung des aufgebauten Start-Iterationsvektors u_q^1 wird der Verlagerungsvektor $u_q \in \mathcal{R}^{18\times1}$ für die Vernetzung q mit der KG-Methode berechnet. Aufgrund des geringfügigen Unterschieds zwischen den Vernetzungen q und $q-1$ wird erwartet, dass u_q^1 eine zuverlässige Annäherung an den genauen Verlagerungsvektor u_q darstellt. Somit wird eine hohe Konvergenzgeschwindigkeit der KG-Methode für die Vernetzung q ermöglicht.

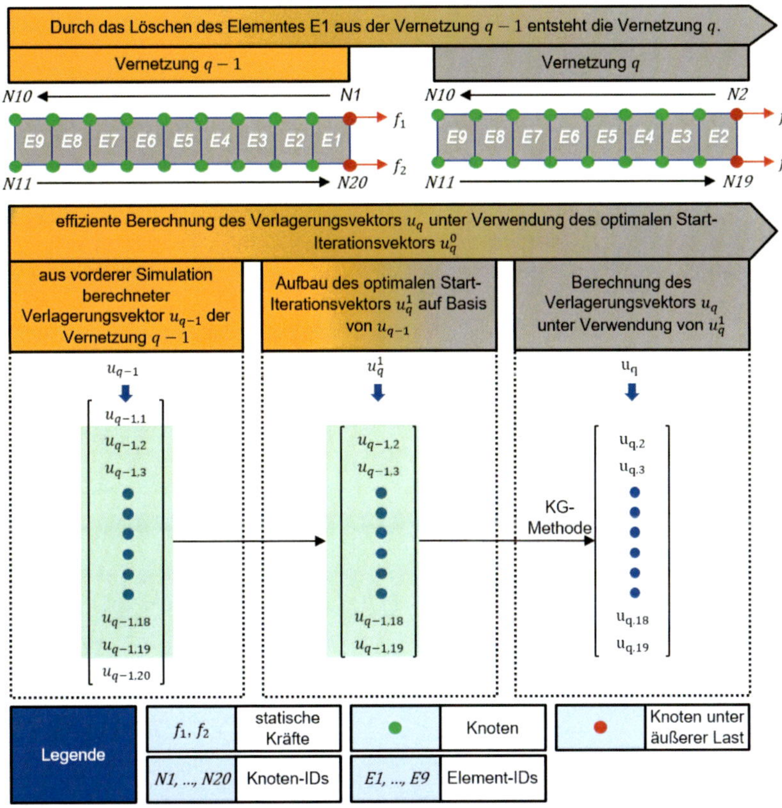

Abbildung 5.8: KG-Methode mit optimalem Start-Iterationsvektor

Es ist zu berücksichtigen, dass die in Abb. 5.8 dargestellte Methode zur Generierung des Start-Iterationsvektors u_q^1 den berechneten Verlagerungsvektor u_{q-1} des vorherigen Zwischenzustands als Eingabe verwendet. Folglich ist die Anwendung dieser Methode für den ersten Zwischenzustand des Werkstücks nicht möglich. Unter Berücksichtigung dieses Sonderfalls für den ersten Zwischenzustand wird die beschleunigte KG-Methode folgendermaßen zusammengefasst:

- Berechnung des Verlagerungsvektors u_1 für den ersten Zwischenzustand des Werkstücks ($q = 1$) mit der KG-Methode, wobei der verwendete Start-Iterationsvektor u_1^1 ein Nullvektor ist,
- für $q = 2, ..., Q - 1, ..., Q$, wobei Q die Anzahl der Zwischenzustände des Werkstücks ist:
  - Aufbau des Start-Iterationsvektors u_q^1 auf Basis des berechneten Verlagerungsvektors u_{q-1} des vorderen Zwischenzustands $q - 1$,
  - Berechnung des Verlagerungsvektors u_q für den Zwischenzustands q mit der KG-Methode unter Verwendung des aufgebauten Start-Iterationsvektors u_q^1.

Durch den Aufbau eines optimalen Start-Iterationsvektors wird erwartet, dass die Konvergenzgeschwindigkeit der KG-Methode zur wiederholenden Lösung des Gleichungssystems Gl. 5.3 erhöht wird. Die Effizienz und die Genauigkeit der beschleunigten KG-Methode werden im nächsten Abschnitt anhand eines Beispiels bewertet.

5.5 Bewertung der beschleunigten KG-Methode

Evaluation of the accelerated CG-Method

In diesem Abschnitt werden die Effizienz und die Genauigkeit der beschleunigten KG-Methode bewertet. Zunächst wird die in Abschnitt 5.3 durchgeführte simulative Untersuchung mit der beschleunigten KG-Methode erneut vorgenommen, um die Effizienz der beschleunigten KG-Methode zu analysieren. Anschließend wird die durch die Anwendung der beschleunigten KG-Methode berechnete Nachgiebigkeit mit der durch die beschleunigte Cholesky-Methode berechneten Nachgiebigkeit verglichen, um die Genauigkeit der beschleunigten KG-Methode zu bewerten.

Für die simulative Untersuchung wird das in Abb. 5.5 dargestellte Werkstück betrachtet. Die statische Nachgiebigkeit dieses Werkstücks wurde bereits berechnet, um die beschleunigte direkte Cholesky-Methode zu bewerten (siehe Abschnitt 5.3). Die mit der beschleunigten direkten Cholesky-Methode durchgeführten Berechnungen werden nachfolgend mit der iterativen KG-Methode wiederholt. Die Rechenzeit mit der KG-Methode für alle 47 Zwischenzustände bzw. Werkzeugpositionen wird in Abb. 5.9 dargestellt, wobei die Rechenzeit mit der Cholesky-Methode als Referenz verwendet wird.

Eine durchschnittliche Rechenzeit von 16 s ist erforderlich, wenn die KG-Methode ohne den optimalen Start-Iterationsvektor verwendet wird. Hingegen führt die Anwendung der beschleunigten KG-Methode, in der ein optimaler Start-Iterationsvektor basierend auf dem Verlagerungsvektor des vorderen Zwischenzustands aufgebaut wird, zu einer durchschnittlichen Rechenzeit von 8,2 s. Diese starke Reduktion der durchschnittlichen Rechenzeit wird durch die signifikante Verringerung der Anzahl der Iterationen erreicht, die durch den optimalen Start-Iterationsvektor erzielt wird. Darüber hinaus ist die durchschnittliche Rechenzeit von 8,2 s mit der beschleunigten KG-Methode deutlich kürzer als die durchschnittliche Rechenzeit von 33,3 s und 63,1 s mit der Cholesky-Methode, unabhängig davon, ob der Cholesky-Faktor wiederverwendet wird oder nicht. Dies zeigt die hohe Effizienz der beschleunigten KG-Methode.

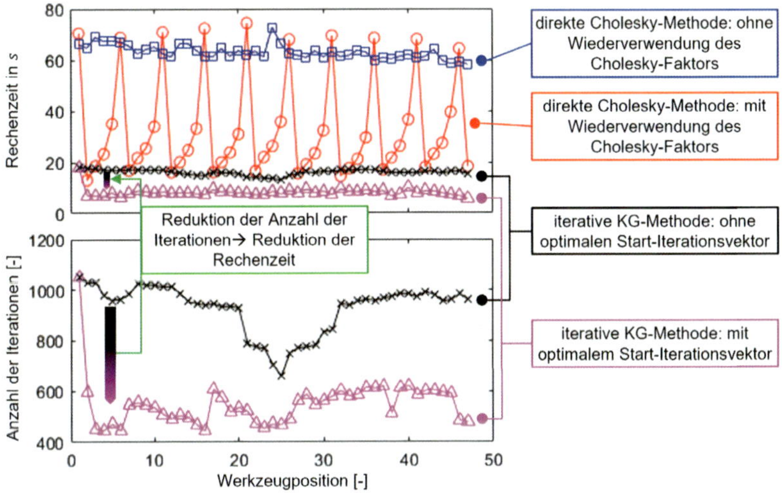

Abbildung 5.9: Zeit zur Berechnung der statischen Nachgiebigkeit mit der KG-Methode

Die Genauigkeit der beschleunigten Cholesky-Methode wurde bereits in Abschnitt 5.3 validiert, wodurch die mit der beschleunigten Cholesky-Methode berechnete statische Nachgiebigkeit des Werkstücks eine zuverlässige Referenz darstellt. Im Vergleich zur beschleunigten Cholesky-Methode ist die beschleunigte KG-Methode eine iterative Methode. Daher kann die beschleunigte KG-Methode nur dann die gleiche Genauigkeit wie die Cholesky-Methode erreichen, wenn die Konvergenztoleranz ϵ (siehe Gl. 2.21) auf 0 gesetzt wird. Dies ist jedoch für reale Anwendungsfälle nicht möglich, da eine Konvergenztoleranz ϵ von 0 zu einem hohen Rechenaufwand führt. Als Kompromiss zwischen der Effizienz und der Genauigkeit wird die Konvergenztoleranz ϵ der beschleunigten KG-Methode hierbei auf 0,01 gesetzt. Die mit der beschleunigten KG-Methode berechnete statische Nachgiebigkeit des Werkstücks wird mit der Referenz, die mit der beschleunigten Cholesky-Methode berechnet wird, verglichen. Es ist in Abb. 5.10 zu erkennen, dass die Abweichungen zwischen den mit der beschleunigten KG-Methode und der beschleunigten Cholesky-Methode berechneten Ergebnissen für alle Zwischenzustände bzw. Werkzeugpositionen in einem engen Toleranzbereich zwischen -0,5 % und 0,7 % liegen. Dies bestätigt die gute Genauigkeit der beschleunigten KG-Methode.

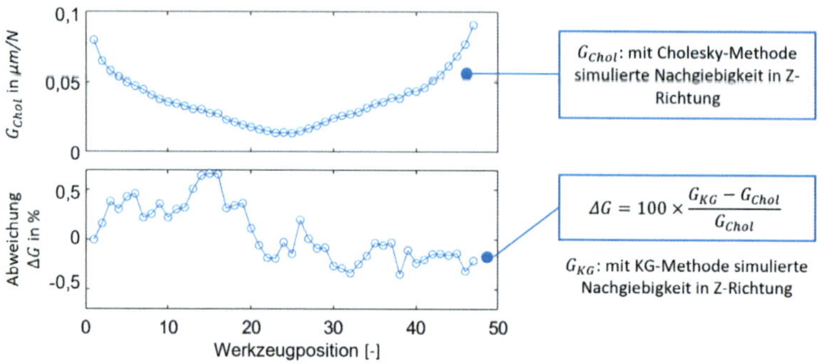

Abbildung 5.10: Genauigkeit der KG-Methode

Die Bewertungen in diesem Abschnitt zeigen, dass eine hohe Effizienz und eine gute Genauigkeit bei der Berechnung der statischen Nachgiebigkeit des dünnwandigen Werkstücks mit der beschleunigten KG-Methode realisierbar ist, indem ein optimaler Start-Iterationsvektor aufgebaut und verwendet wird.

5.6 Zwischenfazit

Interim conclusion

In diesem Kapitel wird zunächst eine allgemeine Vorgehensweise zur Vorhersage der variierenden statischen Nachgiebigkeit des dünnwandigen Werkstücks dargelegt. Dabei ist die wiederholende Lösung eines statischen Gleichungssystems für alle Zwischenzustände bzw. Werkzeugpositionen des Werkstücks erforderlich. Dies führt zu einem erheblichen Rechenaufwand.

Um diesen Rechenaufwand zu reduzieren, wird die direkte Cholesky-Methode beschleunigt, indem der Cholesky-Faktor eines Zwischenzustands basierend auf dem Cholesky-Faktor des vorderen Zwischenzustands berechnet wird. Darüber hinaus wird die iterative KG-Methode beschleunigt, indem ein optimaler Start-Iterationsvektor eines Zwischenzustands basierend auf dem berechneten Verlagerungsvektor des vorderen Zwischenzustands aufgebaut wird.

Simulative und messtechnische Untersuchungen haben gezeigt, dass sowohl die beschleunigte Cholesky-Methode als auch die beschleunigte KG-Methode eine hohe Effizienz und gute Genauigkeit aufweisen.

Aus den beschleunigten Cholesky- und KG-Methoden ist zu erkennen, dass die Berechnungsergebnisse eines Zwischenzustands zur Beschleunigung der Vorhersage der statischen Eigenschaften des nächsten Zwischenzustands anwendbar sind. Folglich ist zu erwarten, dass die dynamischen Eigenschaften eines Zwischenzustands ebenfalls beschleunigt berechnet werden können, indem die Berechnungsergebnisse des vorherigen Zwischenzustands verwendet werden. Dies wird im nächsten Kapitel entsprechend erläutert.

6 Berechnung variierender Eigenpaare von dünnwandigen Werkstücken

Calculation of varying eigenpairs of thin-walled workpieces

Während des Bearbeitungsprozesses dünnwandiger Werkstücke können aufgrund ihrer hohen dynamischen Nachgiebigkeit unerwünschte Schwingungen auftreten. Um diese Schwingungen ohne aufwendige Bearbeitungsversuche zu reduzieren, ist eine präzise Berechnung der sich verändernden dynamischen Eigenschaften notwendig. Diese präzise Berechnung erfordert jedoch einen erheblichen Rechenaufwand, was den industriellen Einsatz aktueller Berechnungsmethoden einschränkt. Im Folgenden wird eine effiziente und präzise Methode zur Berechnung der variierenden Eigenpaare dünnwandiger Werkstücke vorgestellt.

6.1 Beschleunigung der Unterraum-Iterationsmethode durch Verwendung optimaler Start-Iterationsvektoren

Acceleration of the subspace iteration method through using optimal initial iteration vectors

Die Unterraum-Iterationsmethode ist eine weit verbreitete Methode zur Berechnung der Eigenpaare eines schwingungsfähigen Systems [BATH14]. Eine wichtige Eigenschaft dieser Methode ist:

- Sind die Start-Iterationsvektoren identisch mit den zu berechnenden Eigenvektoren, konvergiert die Unterraum-Iterationsmethode nach nur einem Iterationsschritt [BATH14].

Aus dieser Eigenschaft wird Hypothese 2 abgeleitet:

Hypothese 2 *Die Konvergenzgeschwindigkeit der Unterraum-Iterationsmethode kann erhöht werden, indem die Abweichung zwischen den Start-Iterationsvektoren und den tatsächlichen Eigenvektoren minimiert wird.*

Zudem ist zu berücksichtigen, dass der Bearbeitungsprozess eines Werkstücks kontinuierlich verläuft. Daraus ergibt sich Hypothese 3:

Hypothese 3 *Der Materialabtrag während eines Bearbeitungsprozesses führt zu einer kontinuierlichen Veränderung der Massen- und Steifigkeitseigenschaften des Werkstücks. Folglich ist der Unterschied zwischen zwei aufeinanderfolgenden Zwischenzuständen des*

Werkstücks in Bezug auf ihre Massen- und Steifigkeitseigenschaften geringfügig. Infolgedessen weisen die entsprechenden Eigenvektoren nur geringe Unterschiede auf.

Unter der Annahme, dass Hypothesen 2 und 3 zutreffen, kann die Konvergenzgeschwindigkeit der Unterraum-Iterationsmethode zur Simulation des Zwischenzustands q eines dünnwandigen Werkstücks durch die folgende Vorgehensweise erhöht werden:

1. Aufbau der Start-Iterationsvektoren für den Zwischenzustand q durch die Auswahl der Einträge aus den Eigenvektoren Φ_{q-1} des Zwischenzustands $q-1$. Die ausgewählten Einträge entsprechen den gemeinsamen Freiheitsgraden der Vernetzungen q und $q-1$.

2. Berechnung der Eigenvektoren Φ_q und der Eigenwerte Λ_q für den Zwischenzustand q mittels der Unterraum-Iterationsmethode. Die im Schritt 1 aufgebauten Start-Iterationsvektoren beschleunigen die Konvergenz der Unterraum-Iterationsmethode.

Diese Vorgehensweise wird in Abb. 6.1 anhand eines Beispiels veranschaulicht. In diesem Beispiel hat jeder Knoten einen einzelnen Freiheitsgrad in vertikaler Richtung. Die Vernetzung $q-1$ besteht aus 10 Knoten und 10 entsprechenden Freiheitsgraden. Die Eigenvektoren $\Phi_{q-1} \in \mathcal{R}^{10\times 2}$ der Vernetzung $q-1$ sind aus einer vorherigen Simulation bekannt. Die Vernetzung q entsteht durch die Löschung des Knotens $N1$ aus der Vernetzung $q-1$. Die Einträge in Φ_{q-1}, die den verbleibenden Knoten in der Vernetzung q entsprechen, werden ausgewählt, um Start-Iterationsvektoren $\Phi_q^1 \in \mathcal{R}^{9\times 2}$ für die Vernetzung q zu generieren. Die Start-Iterationsvektoren Φ_q^1 werden verwendet, um die Eigenvektoren $\Phi_q \in \mathcal{R}^{9\times 2}$ für die Vernetzung q zu berechnen. Angesichts des geringen Unterschieds zwischen den Vernetzungen q und $q-1$ wird erwartet, dass Φ_q^1 eine zuverlässige Annäherung von Φ_q ist, was eine hohe Konvergenzgeschwindigkeit bei Anwendung der Unterraum-Iterationsmethode für die Vernetzung q ermöglicht.

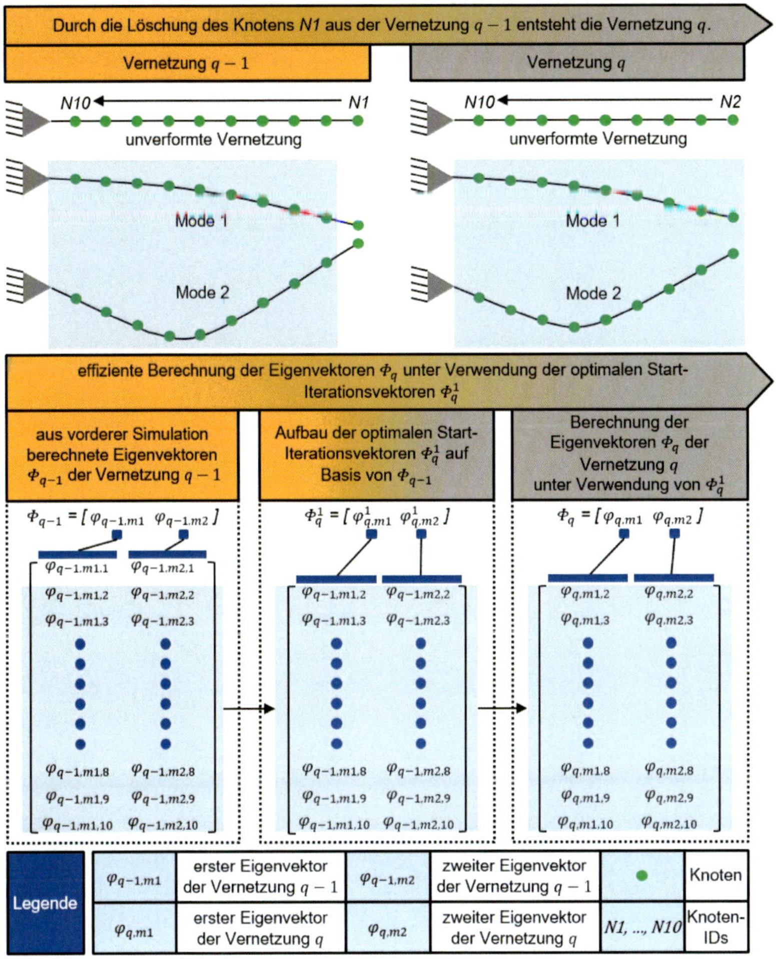

Abbildung 6.1: Unterraum-Iterationsmethode mit optimalen Start-Iterationsvektoren

Es ist zu beachten, dass die in Abb. 6.1 dargestellte Methode zum Aufbau optimaler Start-Iterationsvektoren für die Vernetzung q die berechneten Eigenvektoren der vorherigen Vernetzung $q-1$ als Eingabe nutzt. Daher ist diese Methode nicht auf die erste Vernetzung anwendbar. Um diesen Sonderfall für die erste Vernetzung und den Normalfall für die anderen Vernetzungen gemeinsam zu berücksichtigen, umfasst der vollständige Prozess zur Berechnung von Eigenpaaren für alle Zwischenvernetzungen eines dünnwandigen Werkstücks die folgenden Schritte:

- Aufbau der Systemsteifigkeits- und Systemmassenmatrizen für alle Zwischenzustände des Werkstücks (Abschnitt 4.3),
- Berechnung der Eigenpaare, einschließlich der Eigenvektoren Φ_1 und der Eigenwerte Λ_1 für $q = 1$ (erste Vernetzung). Dabei werden die Start-Iterationsvektoren nach der Standardmethode von Bathe [BATH14] aufgebaut.
- Für $q = 2, \cdots, Q-1, Q$, wobei Q die Anzahl der Zwischenzustände ist:
  - Aufbau der Start-Iterationsvektoren Φ_q^1 für den Zwischenzustand q basierend auf Φ_{q-1},
  - Berechnung der Eigenpaare, einschließlich der Eigenvektoren Φ_q und der Eigenwerte Λ_q für den Zwischenzustand q mit der Unterraum-Iterationsmethode. Hierbei werden die optimalen Start-Iterationsvektoren Φ_q^1 verwendet.

6.2 Numerische Untersuchung

Numerical investigation

Die im vorherigen Abschnitt eingeführte beschleunigte Unterraum-Iterationsmethode wird anhand eines numerischen Beispiels bewertet. In diesem Beispiel werden die variierenden Eigenpaare eines dünnwandigen Werkstücks während des Flankenfräsens berechnet. Die Sequenz des Materialabtrags wird in Abb. 6.2 veranschaulicht. Das Rohmaterial hat die Abmessungen $52\ mm \times 6\ mm \times 40\ mm$. Während des Bearbeitungsprozesses werden sieben Ebenen mit einer Gesamtdicke von 1,9 mm vom Werkstück entfernt (siehe Teil 2 in Abb. 6.2). Alle Ebenen haben die gleiche Höhe von 40 mm. Jede Ebene wird durch 267 Schnitte entfernt. Der Versatz in Y-Richtung zwischen zwei aufeinanderfolgenden Schnitten beträgt 0,15 mm (siehe Teil 3 in Abb. 6.2).

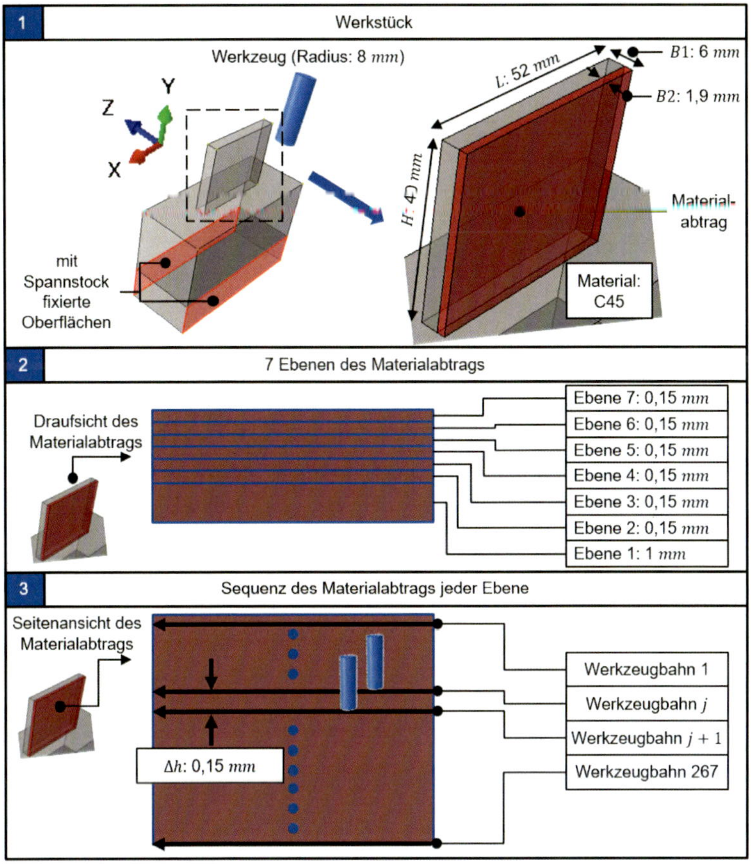

Abbildung 6.2: Sequenz des Materialabtrags einer dünnen Wand

Der Materialabtrag während des Fräsprozesses erfolgt kontinuierlich, was zu einer sehr großen Anzahl von Zwischenzuständen des Werkstücks führen kann. Es ist allerdings unpraktisch, alle Zwischenzustände zu simulieren. Um genaue Simulationsergebnisse zu erzielen, ohne eine übermäßige Rechenzeit zu verursachen, ist es entscheidend, ein Gleichgewicht bei der Auswahl der Anzahl der simulierten Zwischenzustände zu finden. Während eine detaillierte Simulation mit zahlreichen Zwischenzuständen die Genauigkeit erhöht, führt sie zu einem höheren Rechenaufwand. Im Gegensatz dazu verringert die Auswahl unzureichender Zwischenzustände die Simulationsgenauigkeit.

In diesem numerischen Beispiel werden für jede gefräste Ebene 19 Zwischenzustände simuliert, die äquidistant entlang der Y-Richtung verteilt sind. Außerdem wird das initiale Werkstück vor dem Fräsen der ersten Ebene simuliert. Daher erfordert der gesamte Bearbeitungsprozess des Werkstücks $19 \times 7 + 1 = 134$ Simulationen. In der ersten Simulation hat die Vernetzung 79.275 Freiheitsgrade. Die Anzahl der Freiheitsgrade verringert sich aufgrund des Materialabtrags in der letzten Simulation auf 56.595. In jeder Simulation werden die ersten 10 Eigenwerte und die entsprechenden 10 Eigenvektoren berechnet.

In Abb. 6.3 ist die Rechenzeit für jede Werkzeugposition detailliert dargestellt. Die beiden primären zeitaufwendigen Komponenten in der Unterraum-Iterationsmethode sind die iterative Annäherung von Eigenpaaren und die Cholesky-Zerlegung der Systemsteifigkeitsmatrix. Die entsprechenden Zeitaufwände werden als Iterationszeit und Cholesky-Zerlegungszeit bezeichnet. Die Gesamtzeit der Unterraum-Iterationsmethode ist die Summe aus der Iterationszeit und der Cholesky-Zerlegungszeit. Wie im unteren Teil von Abb. 6.3 dargestellt, reduziert die Verwendung optimaler Start-Iterationsvektoren die durchschnittliche Anzahl der Iterationen von 11 auf 2. Dies führt zu einer signifikanten Reduktion der Iterationszeit von 7,2 s auf 1,3 s, wie im oberen Teil von Abb. 6.3 gezeigt wird. Die Cholesky-Zerlegungszeit hängt jedoch ausschließlich von der Systemsteifigkeitsmatrix ab. Daher sind die Kurven, die die Cholesky-Zerlegungszeit mit und ohne optimale Start-Iterationsvektoren darstellen, überlappend. Folglich wird die Reduktion der durchschnittlichen Gesamtzeit von 14 s auf 7,3 s hauptsächlich durch die Reduktion der durchschnittlichen Iterationszeit erzielt.

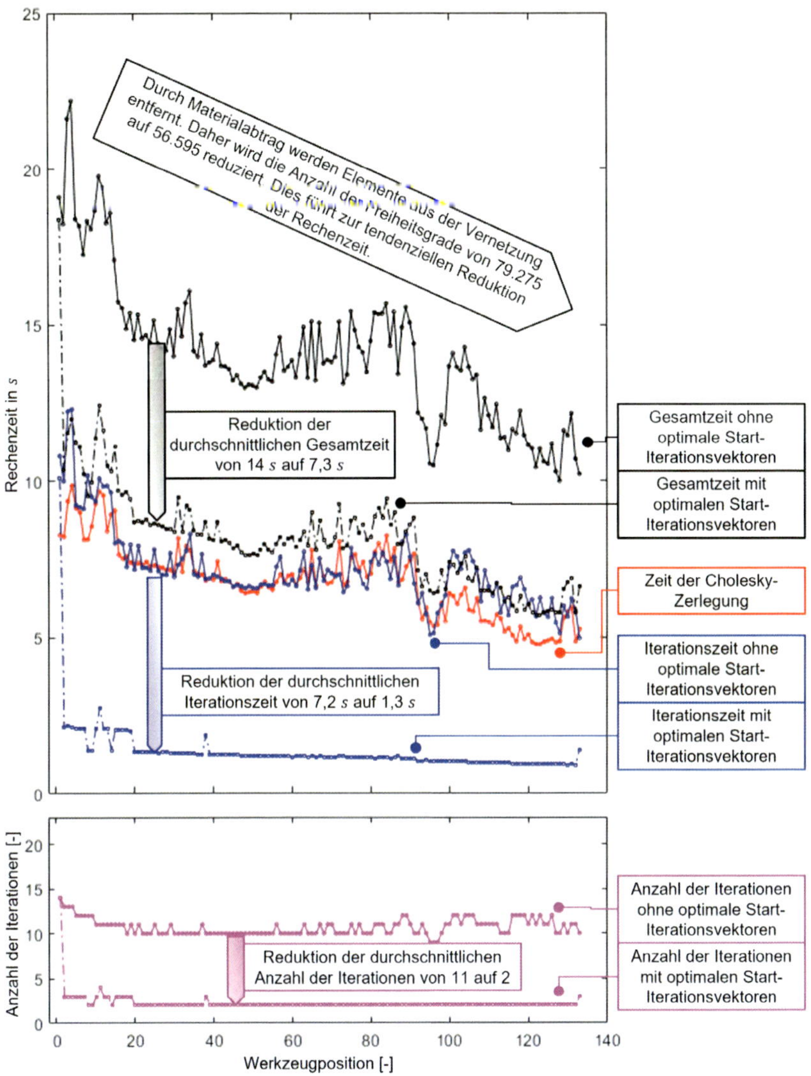

Abbildung 6.3: Zeit zur Berechnung der Eigenpaare

Die Genauigkeit der durch die Anwendung optimaler Start-Iterationsvektoren beschleunigten Unterraum-Iterationsmethode wird durch den Vergleich mit dem kommerziellen Programm Abaqus bewertet. Die Eigenfrequenzen der ersten Bigemode und der ersten Torsionsmode aller Zwischenzustände des Werkstücks werden mit Abaqus berechnet und im oberen Teil von Abb. 6.4 dargestellt. Die Ergebnisse von Abaqus dienen dabei als Referenz. Beim Vergleich der Ergebnisse der beschleunigten Unterraum-Iterationsmethode mit denen von Abaqus wird ein kleiner Unterschied innerhalb eines engen Toleranzbereichs von -0,1 Hz bis 0,1 Hz im unteren Teil von Abb. 6.4 beobachtet. Daher wird die gute numerische Genauigkeit der beschleunigten Unterraum-Iterationsmethode bestätigt.

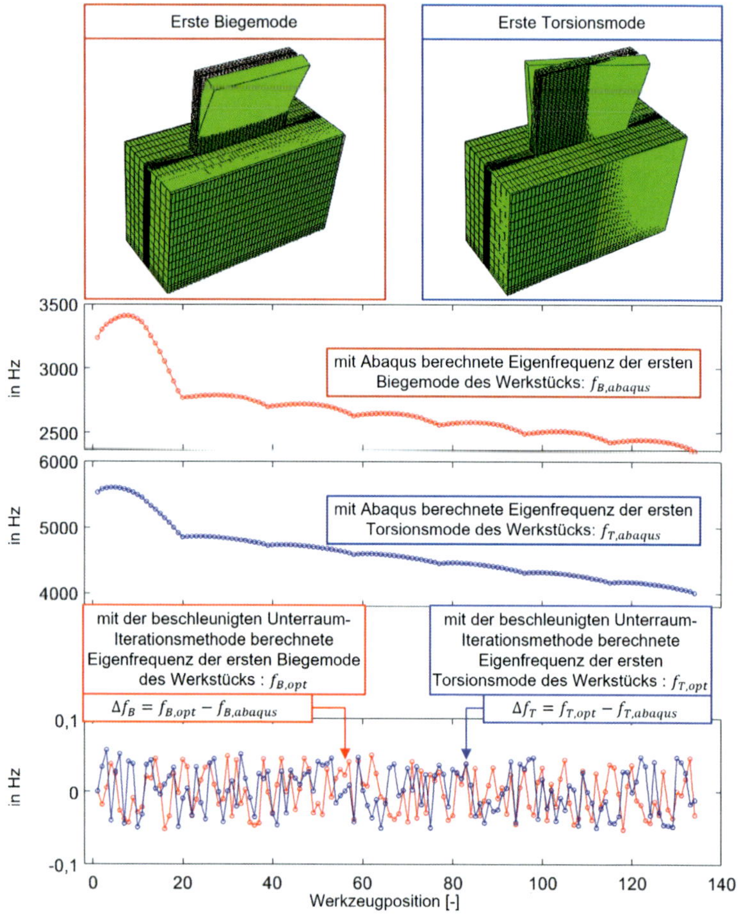

Abbildung 6.4: Genauigkeit der beschleunigten Unterraum-Iterationsmethode

6.3 Messtechnische Untersuchung

Experimental investigation

Zusätzlich zur numerischen Untersuchung wird die Genauigkeit der beschleunigten Unterraum-Iterationsmethode durch eine messtechnische Untersuchung bewertet. Ein Bearbeitungsversuch wird ausgelegt, welcher dem numerischen Beispiel in Abb. 6.2 entspricht. Der Aufbau des Bearbeitungsversuchs wird in Abb. 6.5 dargestellt. Vor dem Bearbeitungsversuch wird das Werkstück so vorbereitet, dass L, H und B jeweils 52 mm, 40 mm und 6 mm betragen. Nach der Vorbereitung werden sieben Ebenen des Werkstücks durch Flankenfräsen mit einem Schaftfräser entfernt. Dies entspricht der in Abb. 6.2 dargestellten Sequenz des Materialabtrags.

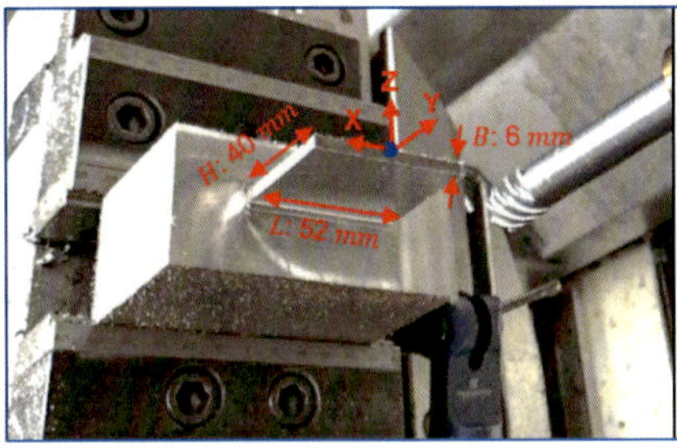

Material des Werkstücks: C45
Durchmesser des Schaftfräsers: 16 mm
Anzahl der Schneiden des Schaftfräsers: 4
Spindeldrehzahl: 4476 U/min
Vorschub: 2686 mm/min
Vorschubrichtung: positive X-Richtung

Abbildung 6.5: Bearbeitungsversuch des dünnwandigen Werkstücks

Vor dem Fräsen der ersten Ebene und nach dem Fräsen jeder Ebene wird jeweils eine experimentelle Modalanalyse (EMA) durchgeführt, um die variierenden Eigenpaare des Werkstücks zu ermitteln. Daher werden insgesamt acht Zustände des Werkstücks gemessen. Der Versuchsaufbau der EMA ist in Abb. 6.6 dargestellt. Das Werkstück wird mit einem Impulshammer angeregt, dessen integriertes Piezoelement die Anregungskraft misst. Die daraus resultierenden Schwingungen werden mit einem triaxialen Beschleunigungssensor erfasst. Der Beschleunigungssensor bleibt während der EMA an einem festen Punkt, während die Anregungsstellen des Impulshammers über das Werkstück verteilt werden. Basierend auf den gemessenen Anregungskräften und Schwingungen werden 63 Übertragungsfunktionen (21 Anregungsstellen $\times$ 3 Messrichtungen des Beschleunigungssensors) berechnet. Anhand dieser Übertragungsfunktionen werden mithilfe der PolyMAX-Methode die erste Biegemode, die erste Torsionsmode und die zugehörigen Eigenfrequenzen des Werkstücks bestimmt.

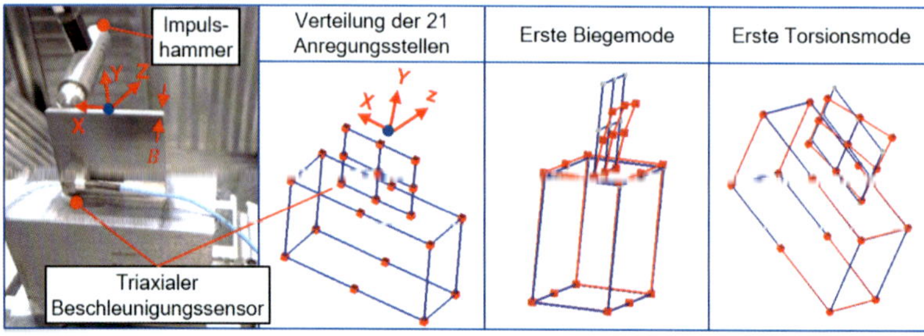

Abbildung 6.6: Experimentelle Modalanalyse des Werkstücks

Die erste Biegemode und die erste Torsionsmode des Werkstücks werden in der EMA deutlich identifiziert (siehe Abb. 6.6). Zum Vergleich sind in Abb. 6.7 die simulierten und gemessenen Eigenfrequenzen dieser beiden Moden für die acht Zustände des Werkstücks dargestellt. Die Dicke B des Werkstücks beträgt in den acht Zuständen jeweils 6 mm, 5 mm, 4,85 mm, 4,7 mm, 4,55 mm, 4,4 mm, 4,25 mm und 4,1 mm. Die maximale Abweichung zwischen den berechneten und den gemessenen ersten Biegefrequenzen beträgt 66 Hz bzw. 2,64 %, während sich eine maximale Abweichung zwischen den berechneten und den gemessenen ersten Torsionsfrequenzen 58 Hz bzw. 1,43 % ergibt. Diese geringen Abweichungen bestätigen die Genauigkeit der beschleunigten Unterraum-Iterationsmethode.

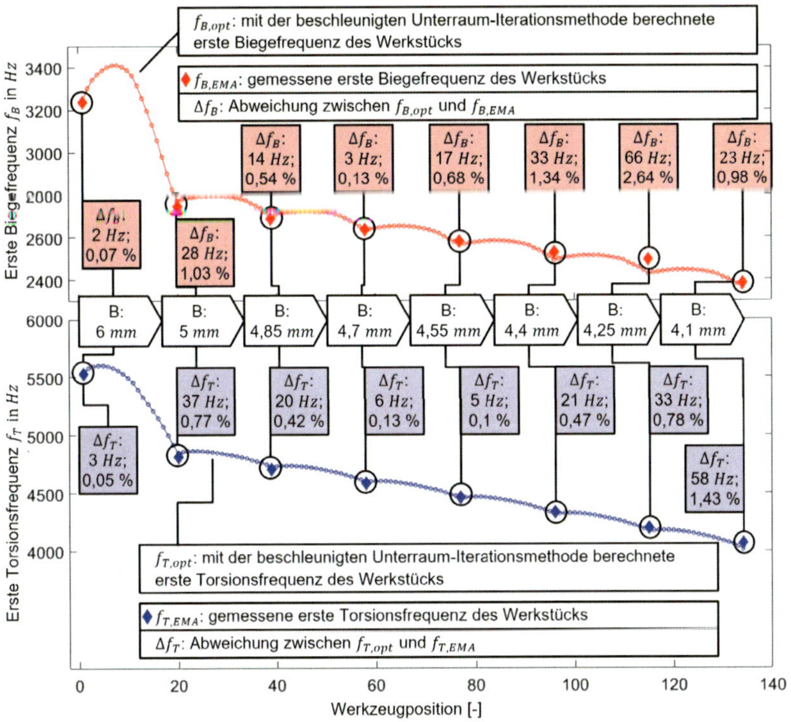

Abbildung 6.7: Vergleich der berechneten und der gemessenen Eigenfrequenzen

6.4 Kombination der Unterraum-Iterationsmethode und des Ritz-Verfahrens

Combination of the subspace iteration method and the Ritz method

In den vorangegangenen Abschnitten ist die beschleunigte Unterraum-Iterationsmethode zur Berechnung der Eigenpaare des dünnwandigen Werkstücks vorgestellt worden. Durch den Aufbau und die Anwendung der optimalen Start-Iterationsvektoren wird die Anzahl der erforderlichen Iterationen in der Unterraum-Iterationsmethode deutlich reduziert. Der Zeitaufwand der Cholesky-Zerlegung für die Steifigkeitsmatrix in der Unterraum-Iterationsmethode bleibt allerdings unberührt. Aufgrund der großen Anzahl der zu berechnenden Zwischenzustände des Werkstücks ist der gesamte Rechenzeitbedarf trotz des Einsatzes der beschleunigten Unterraum-Iterationsmethode groß, da für jeden Zwischenzustand eine Cholesky-Zerlegung erforderlich ist. Dies hat die Kombination des Ritz-Verfahrens mit der Unterraum-Iterationsmethode motiviert, da das Ritz-Verfahren auf Basis einer guten initialen Vermutung die Eigenpaare eines schwingungsfähigen Systems approximieren kann (siehe Abschnitt 2.6), ohne die Cholesky-Zerlegung der Systemsteifigkeitsmatrix durchzuführen. Eine einfache Vorgehensweise zur Kombination dieser beiden Methoden kann folgendermaßen formuliert werden:

1. Berechnung der Eigenpaare (Φ_1, Λ_1) des initialen Werkstücks $(q = 1)$ mit Unterraum-Iterationsmethode. Dabei werden die Start-Iterationsvektoren nach der Standardmethode von Bath [BATH14] aufgebaut.
2. Für $q = 2, \cdots, Q-1, Q$, wobei Q die Anzahl der Zwischenzustände des dünnwandigen Werkstücks ist:
   - Aufbau der Start-Iterationsvektoren Φ_q^1 basierend auf Φ_{q-1},
   - Anwendung des Ritz-Verfahrens zur Berechnung der Eigenpaare (Φ_q, Λ_q) unter Verwendung von Φ_q^1 als Ritz-Basisvektoren.

Das Ritz-Verfahren ist nicht zur Approximation der Eigenpaare des initialen Werkstücks anwendbar, da hierbei noch keine gute Vermutung der Eigenvektoren vorliegt. Daher wird in Schritt 1 der kombinierten Vorgehensweise die Unterraum-Iterationsmethode eingesetzt, um die Eigenfrequenzen und die Eigenvektoren des initialen Werkstücks zu berechnen. Ab dem zweiten Zwischenzustand $(q > 1)$ können die Start-Iterationsvektoren auf Basis der berechneten Eigenvektoren des vorherigen Zwischenzustands $q-1$ aufgebaut werden (siehe Abb. 6.1), welche eine gute Vermutung der Eigenvektoren des Zwischenzustands q sein kann. Somit werden diese aufgebauten Start-Iterationsvektoren in Schritt 2 der kombinierten Vorgehensweise als Ritz-Basisvektoren verwendet, um die Eigenvektoren des Zwischenzustands q zu approximieren.

Die Berechnungen der variierenden Eigenpaare für das in Abb. 6.2 dargestellte Beispiel werden mit der oben beschriebenen kombinierten Vorgehensweise erneut durchgeführt, um deren Effizienz und Genauigkeit zu bewerten. In Abb. 6.8 ist die Rechenzeit für jede Werkzeugposition detailliert dargestellt. Die Rechenzeit der beschleunigten Unterraum-Iterationsmethode (blaue Kurve in Abb. 6.8) dient als Referenz, um sie mit der Rechenzeit der kombinierten Vorgehensweise (gelbe Kurve in Abb. 6.8) zu vergleichen. Der durchschnittliche Wert der blauen Kurve beträgt 7,3 s. In der kombinierten Vorgehensweise werden die Eigenpaare der ersten Werkzeugposition durch die Unterraum-Iterationsmethode berechnet. Daher haben die blaue und die gelbe Kurve bei der ersten Werkzeugposition denselben Wert. Ab der zweiten Werkzeugposition werden die Eigenpaare durch das Ritz-Verfahren berechnet. Dadurch wird die Rechenzeit ab der zweiten Werkzeugposition auf weniger als 0,24 s reduziert. Dies zeigt den Vorteil des Ritz-Verfahrens hinsichtlich der Effizienz.

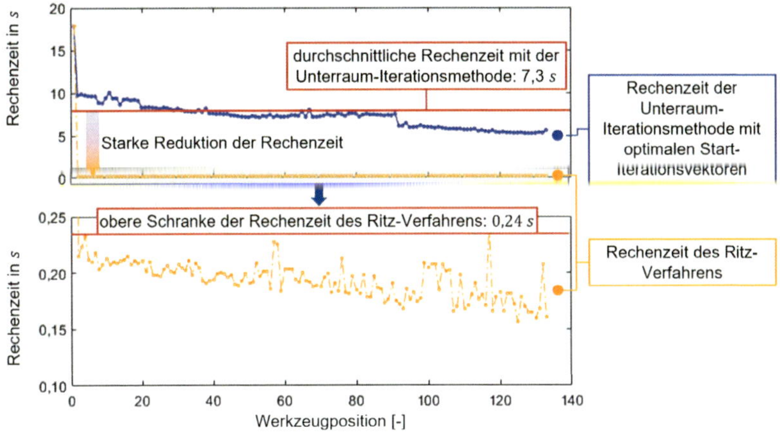

Abbildung 6.8: Reduktion der Rechenzeit durch den Einsatz des Ritz-Verfahrens

Die Genauigkeit der kombinierten Methode wird ebenfalls durch den Vergleich mit der beschleunigten Unterraum-Iterationsmethode bewertet. Dieser Vergleich wird für die erste Biegefrequenz und die erste Torsionsfrequenz des Werkstücks durchgeführt sowie in Abb. 6.9 dargestellt. Im oberen Teil von Abb. 6.9 sind die ersten Biegefrequenzen aller Werkzeugpositionen, die jeweils mit der beschleunigten Unterraum-Iterationsmethode und der kombinierten Vorgehensweise berechnet werden, aufgeführt. Die Abweichung zwischen den berechneten Eigenfrequenzen steigt kontinuierlich von einem vernachlässigbaren Wert auf eine große Abweichung von 599 Hz. Der Vergleich der berechneten ersten Torsionsfrequenzen im mittleren Teil von Abb. 6.9 zeigt einen ähnlichen Verlauf. Die Abweichung steigt kontinuierlich von einem vernachlässigbaren Wert auf eine große Abweichung von 1129 Hz. Dies liegt daran, dass die Genauigkeit des in der kombinierten Vorgehensweise benutzten Ritz-Verfahrens stark von der Qualität der verwendeten Ritz-Basisvektoren abhängig ist.

Zur genauen Erklärung dieses Verlaufs wird die Anwendung des Ritz-Verfahrens in der kombinierten Vorgehensweise detailliert betrachtet. Die Eigenvektoren der ersten Werkzeugposition werden durch die Unterraum-Iterationsmethode genau berechnet. Auf Basis der Eigenvektoren werden die Ritz-Basisvektoren für die zweite Werkzeugposition erstellt. Da der Unterschied zwischen der ersten und der zweiten Werkzeugposition sehr gering ist, sind die aufgebauten Ritz-Basisvektoren eine gute Annäherung der genauen Eigenvektoren der zweiten Werkzeugposition. Basierend auf diesen guten Ritz-Basisvektoren werden die Eigenvektoren der zweiten Werkzeugposition mit dem Ritz-Verfahren gut approximiert. Es ist allerdings zu beachten, obwohl die mit dem Ritz-Verfahren approximierten Eigenvektoren eine sehr gute Annäherung an die genauen Eigenvektoren der zweiten Werkzeugposition sind, ist eine Abweichung unvermeidbar. Der Aufbau der Ritz-Basisvektoren und der Einsatz des Ritz-Verfahrens werden für weitere Werkzeugpositionen fortgesetzt, wobei die Abweichung zwischen den aufgebauten Ritz-Basisvektoren und den genauen Eigenvektoren kontinuierlich zunimmt. Dies führt zu einer stetigen Verschlechterung der Qualität der Ritz-Basisvektoren, was wiederum zu einer kontinuierlichen Zunahme der Abweichung zwischen den mit der kombinierten Vorgehensweise und den mit der beschleunigten Unterraum-Iterationsmethode berechneten Eigenfrequenzen führt.

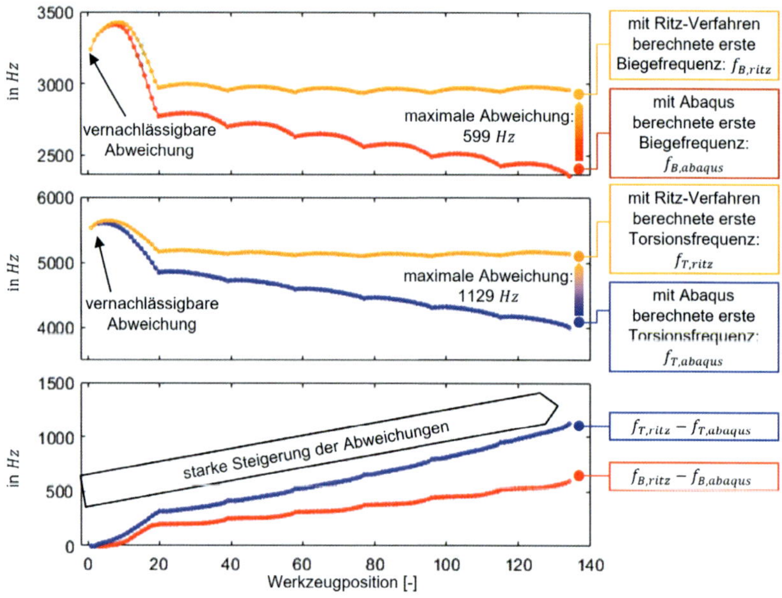

Abbildung 6.9: Verschlechterung der Genauigkeit durch den Einsatz des Ritz-Verfahrens

Der Vergleich zwischen der beschleunigten Unterraum-Iterationsmethode und der kombinierten Vorgehensweise führt zu folgender Schlussfolgerung:

- Die Effizienz der einfachen kombinierten Vorgehensweise ist durch den Einsatz des Ritz-Verfahrens deutlich höher als die Effizienz der beschleunigten Unterraum-Iterationsmethode. Die Anwendung der einfachen kombinierten Vorgehensweise ist allerdings nicht praktikabel, da ihre Genauigkeit im Vergleich zur beschleunigten Unterraum-Iterationsmethode zu niedrig ist.

Diese Schlussfolgerung inspiriert die Entwicklung einer adaptiven Kombinationsmethode, die den Vorteil des Ritz-Verfahrens hinsichtlich der Effizienz und den Vorteil der beschleunigten Unterraum-Iterationsmethode in Bezug auf die Genauigkeit kombinieren kann. Diese adaptive Kombinationsmethode umfasst die folgenden Schritte:

- Definition einer Liste der Indizes $\mathcal{L} = [index1, \cdots, indexN]$ von Eigenmoden, deren Eigenwerte als Indikatoren benutzt werden,
- Definition einer leeren Indikator-Matrix $\mathcal{I}$,
- Berechnung der Eigenpaare (Φ_1, Λ_1) der ersten Werkzeugposition mit Unterraum-Iterationsmethode. Hierbei werden die Start-Iterationsvektoren mit der Standardmethode von Bath [BATH14] aufgebaut.
- Speicherung der Eigenwerte $[\lambda_{1,index1}, \cdots, \lambda_{1,indexN}]$ aus Λ_1 in der ersten Zeile von $\mathcal{I}$. Die gespeicherten Eigenwerte entsprechen den Eigenmoden, deren Indizes in $\mathcal{L}$ definiert werden.
- Berechnung der Eigenpaare (Φ_2, Λ_2) der zweiten Werkzeugposition mit der Unterraum-Iterationsmethode. Hierbei werden die optimalen Start-Iterationsvektoren aufgebaut (siehe Abb. 6.1).
- Speicherung der Eigenwerte $[\lambda_{2,index1}, \cdots, \lambda_{2,indexN}]$ aus Λ_2 in der zweiten Zeile von $\mathcal{I}$. Die gespeicherten Eigenwerte entsprechen den Eigenmoden, deren Indizes in $\mathcal{L}$ definiert werden.
- Für $q = 3, \cdots, Q-1, Q$, wobei Q die Anzahl der Werkzeugpositionen ist:
  - Aufbau der Start-Iterationsvektoren Φ_q^1 basierend auf Φ_{q-1} (siehe Abb. 6.1),
  - Anwendung des Ritz-Verfahrens zur Berechnung der Eigenpaare (Φ_q, Λ_q) unter Verwendung von Φ_q^1 als Ritz-Basisvektoren,
  - Speicherung der Eigenwerte $[\lambda_{q,index1}, \cdots, \lambda_{q,indexN}]$ aus Λ_q in der q-ten Zeile von $\mathcal{I}$. Die Indikator-Matrix $\mathcal{I}$ hat nach dieser Speicherung die folgende Form:

	Spalte 1	$\cdots$	*Spalte N*
Zeile 1	$\lambda_{1,index1}$	$\cdots$	$\lambda_{1,indexN}$
$\vdots$	$\vdots$	$\vdots$	$\vdots$
Zeile $q-2$	$\lambda_{q-2,index1}$	$\cdots$	$\lambda_{q-2,indexN}$
Zeile $q-1$	$\lambda_{q-1,index1}$	$\cdots$	$\lambda_{q-1,indexN}$
Zeile q	$\lambda_{q,index1}$	$\cdots$	$\lambda_{q,indexN}$

- Wenn die folgende Ungleichung für einen beliebigen Index $j \in \mathcal{L}$ gilt:

$$(\lambda_{q-1,j} - \lambda_{q-2,j}) \times (\lambda_{q,j} - \lambda_{q-1,j}) < 0, \tag{6.1}$$

  werden die Eigenpaare (Φ_q, Λ_q) für die Werkzeugposition q erneut mit der beschleunigten Unterraum-Iterationsmethode unter Verwendung der Start-Iterationsvektoren Φ_q^1 berechnet. Anschließend werden die q-te Zeile in $\mathcal{I}$ durch die Werte aus der erneut berechneten Λ_q ersetzt.

Zum Verständnis der oben beschriebenen Methode wird die physikalische Bedeutung der Ungleichung Gl. 6.1 betrachtet. Die Ungleichung Gl. 6.1 bedeutet, dass die Änderung von $\lambda_{q-2,j}$ zu $\lambda_{q-1,j}$ und die Änderung von $\lambda_{q-1,j}$ zu $\lambda_{q,j}$ in zwei unterschiedlichen Richtungen erfolgen. Dies entspricht einem Wendepunkt im Verlauf des j-ten Eigenwerts und somit einer starken Änderung dieses Eigenwerts. Da der Eigenwert ein wichtiger Parameter zur Beschreibung der dynamischen Eigenschaften des Werkstücks ist, kann die starke Eigenwertänderung eine starke Änderung des entsprechenden Eigenvektors indizieren. In diesem Fall ist es nicht möglich, gute Ritz-Basisvektoren auf Basis der vorherigen Berechnung aufzubauen und die Eigenpaare mit dem Ritz-Verfahren gut zu approximieren. Daher ist diesbezüglich die Anwendung der beschleunigten Unterraum-Iterationsmethode für die Werkzeugposition q erforderlich, um die Genauigkeit der Berechnung sicherzustellen.

Die oben detailliert beschriebene adaptive Methode kann folgendermaßen zusammengefasst werden:

- Eine oder mehrere Eigenwerte des Werkstücks werden als Indikatoren beobachtet. Wenn die beobachteten Eigenwerte eine kleine Änderung aufweisen, können gute Ritz-Basisvektoren auf Basis der vorherigen Berechnung aufgebaut werden. In diesem Fall wird das Ritz-Verfahren zur Berechnung der Eigenpaare verwendet. Wenn die beobachteten Eigenwerte hingegen eine starke Änderung aufweisen, welche durch die Ungleichung Gl. 6.1 detektiert wird, ist eine starke Änderung der Eigenvektoren zu erwarten. In diesem Fall ist es nicht möglich, gute Ritz-Basisvektoren auf Basis der vorherigen Berechnung aufzubauen. Daher wird die Unterraum-Iterationsmethode aktiviert, um genaue Berechnungsergebnisse sicherzustellen.
  Die Methode zur Berechnung der Eigenpaare für jede Werkzeugposition wird auf Grundlage der Änderung der Eigenwerte adaptiv ausgewählt. Daher wird diese kombinierte Methode als adaptive Methode bezeichnet.

Zur Bewertung der adaptiven Kombinationsmethode werden die Berechnungen für das in Abb. 6.2 dargestellte dünnwandige Werkstück erneut durchgeführt. Hierbei werden die Eigenwerte der ersten Biegemode und der ersten Torsionsmode als Indikator-Eigenwerte ausgewählt. Die Rechenzeit der adaptiven Kombinationsmethode wird in Abb. 6.10 detailliert dargestellt. Es ist hierbei zu erkennen, dass die beschleunigte Unterraum-Iterationsmethode für 25 Werkzeugpositionen verwendet wird. Für die anderen 109 Werkzeugpositionen wird das Ritz-Verfahren benutzt. Durch den Einsatz der adaptiven Kombinationsmethode wird die durchschnittliche Rechenzeit von 7,3 s auf 2 s reduziert. Dies zeigt eine hohe Effizienz der adaptiven Kombinationsmethode.

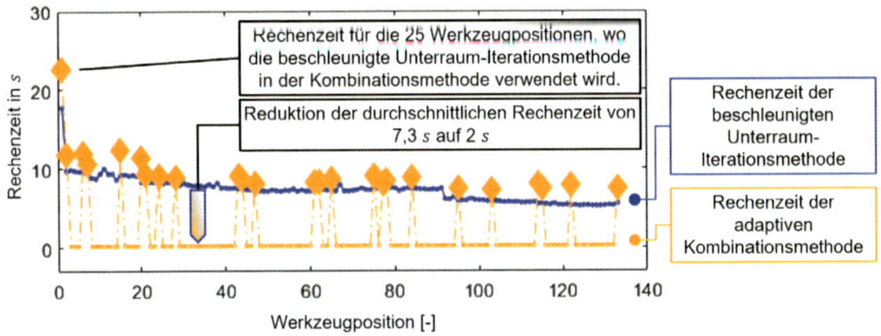

Abbildung 6.10: Vergleich des Rechenzeitbedarfs: Unterraum-Iterationsmethode und adaptive Kombinationsmethode

Zur Analyse der Genauigkeit der adaptiven Kombinationsmethode wird die erste Biegefrequenz und die erste Torsionsfrequenz in Abb. 6.11 detailliert dargestellt. Hierbei werden die mit der beschleunigten Unterraum-Iterationsmethode berechneten Ergebnisse als Referenz verwendet. Für die ersten 20 Werkzeugpositionen treten große Abweichungen auf. Die maximale Abweichung für die erste Biegefrequenz und die erste Torsionsfrequenz beträgt jeweils 146 Hz und 153 Hz. Ab der 21. Werkzeugposition sind alle Abweichungen kleiner als 16 Hz.

Der Vergleich zwischen der adaptiven Kombinationsmethode und der beschleunigten Unterraum-Iterationsmethode macht deutlich, dass die adaptive Kombinationsmethode die Genauigkeit der beschleunigten Unterraum-Iterationsmethode nicht erreichen kann. Es ist allerdings möglich, eine effiziente grobe Vorhersage der Eigenpaare mit der adaptiven Kombinationsmethode zu erhalten.

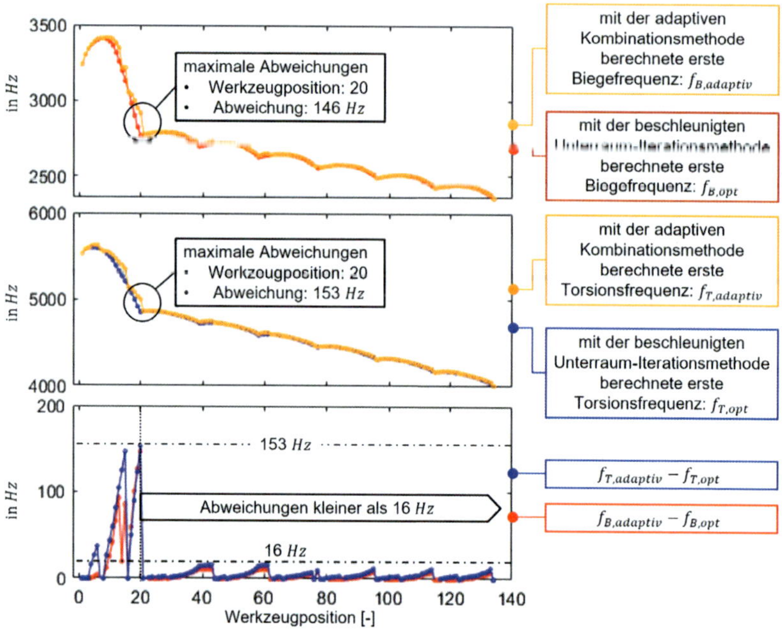

Abbildung 6.11: Genauigkeit der adaptiven Kombinationsmethode

6.5 Zwischenfazit

Interim conclusion

Die Eigenpaare eines dünnwandigen Werkstücks können aufgrund des Materialabtrags während des Bearbeitungsprozesses stark variieren. Zur Vorhersage der variierenden Eigenpaare ist die Berechnung für eine Vielzahl von Zwischenzuständen des Werkstücks erforderlich. Dies kann zu einem großen Rechenaufwand führen.

Zur Reduktion der Rechenzeit wird die traditionelle Unterraum-Iterationsmethode beschleunigt, indem optimale Start-Iterationsvektoren auf Basis der berechneten Eigenvektoren des vorderen Zwischenzustandes aufgebaut werden. Durch den Einsatz der beschleunigten Unterraum-Iterationsmethode wird die durchschnittliche Rechenzeit für das betrachtete numerische Beispiel um 48 % von 14 s auf 7,3 s reduziert (siehe Abb. 6.3). Dies zeigt die hohe Effizienz der beschleunigten Unterraum-Iterationsmethode.

Zur Auswertung der Genauigkeit der beschleunigten Methode wird die Berechnung für dasselbe numerische Beispiel mit Abaqus erneut durchgeführt. Die Abweichung zwischen den mit der beschleunigten Unterraum-Iterationsmethode und Abaqus berechneten Eigenfrequenzen beträgt weniger als 0,1 Hz (siehe Abb. 6.4). Außerdem wird ein Bearbeitungsversuch vorgenommen, der dem numerischen Beispiel entspricht. Während des Bearbeitungsversuchs wird EMA für acht Zustände des Werkstücks durchgeführt, um die Eigenfrequenzen des Werkstücks zu ermitteln. Die Abweichung zwischen den gemessenen und den berechneten Eigenfrequenzen beträgt weniger als 3 % (siehe Abb. 6.7). Dies zeigt eine gute Genauigkeit der beschleunigten Unterraum-Iterationsmethode.

Zur weiteren Reduktion des Rechenzeitbedarfs zur Vorhersage der Eigenpaare wird eine adaptive Methode entwickelt, die die hohe Effizienz des Ritz-Verfahrens und die gute Genauigkeit der beschleunigten Unterraum-Iterationsmethode kombiniert. Durch den Einsatz dieser adaptiven Kombinationsmethode wird die durchschnittliche Rechenzeit für das betrachtete numerische Beispiel von 7,3 s auf 2 s um 76 % reduziert. Die adaptive Kombinationsmethode kann allerdings die Genauigkeit der beschleunigten Unterraum-Iterationsmethode nicht erreichen. Daher ist die adaptive Kombinationsmethode geeignet für Anwendungsfälle, bei denen eine schnelle Vorhersage der Eigenpaare des Werkstücks erforderlich und die Anforderungen an die Genauigkeit nicht hoch ist.

7 Zusammenfassung und Ausblick

Summary and Outlook

Zusammenfassung

In dieser Arbeit wird ein Verfahren zur Vorhersage der statischen Nachgiebigkeit und der Eigenpaare dünnwandiger Werkstücke diskutiert. Der zentrale Bestandteil dieses Verfahrens ist der Aufbau und die Lösung der FE-Systeme aller Zwischenzustände von Werkstücken. Zum Aufbau der FE-Systeme aller Zwischenzustände des dünnwandigen Werkstücks wird eine Datenstruktur vorgestellt, die aus den Element-, Knoten- und Zwischenzustandstabellen besteht. Auf Basis der gespeicherten Daten in diesen Tabellen werden die Systemmatrizen aller Zwischenzustände aufgebaut. Mit den aufgebauten Systemmatrizen werden die FE-Systeme aller Zwischenzustände vollständig mathematisch beschrieben.

Zur Vorhersage der variierenden statischen Nachgiebigkeit des dünnwandigen Werkstücks wird eine allgemeine Vorgehensweise vorgestellt. Bei dieser Vorgehensweise ist die wiederholende Lösung eines statischen Gleichungssystems für alle Zwischenzustände des Werkstücks erforderlich. Dies kann zu einem großen Rechenaufwand führen. Um diesen Rechenaufwand zu reduzieren, werden die konventionellen Cholesky- und KG-Methoden erweitert und beschleunigt, indem die Berechnungsergebnisse des vorderen Zwischenzustands verwendet werden. Zur Bewertung der beschleunigten Methoden werden simulative und messtechnische Untersuchungen durchgeführt. Die durchgeführten Untersuchungen zeigen, dass die beschleunigten Cholesky- und KG-Methoden eine hohe Effizienz realisieren können, ohne die Genauigkeit der Vorhersage zu reduzieren.

Zur Vorhersage der variierenden Eigenpaare ist die aufwendige Berechnung für eine Vielzahl der Zwischenzustände des Werkstücks notwendig. Zur Reduktion des Rechenaufwands wird die traditionelle Unterraum-Iterationsmethode beschleunigt, indem optimale Start-Iterationsvektoren für jeden Zwischenzustand auf Basis der berechneten Eigenvektoren des vorderen Zwischenzustands aufgebaut werden. Durch den Einsatz der beschleunigten Unterraum-Iterationsmethode wird die durchschnittliche Rechenzeit für ein betrachtetes numerisches Beispiel deutlich reduziert. Dies verdeutlicht die hohe Effizienz der beschleunigten Unterraum-Iterationsmethode. Zur Bewertung der Genauigkeit wird die beschleunigte Unterraum-Iterationsmethode mit dem kommerziellen Programm Abaqus verglichen. Die kleinen Abweichungen zwischen den Ergebnissen, die mit der beschleunigten Unterraum-Iterationsmethode und Abaqus berechnet werden, zeigen eine gute Genauigkeit der beschleunigten Unterraum-Iterationsmethode. Darüber hinaus wird diese gute Genauigkeit der beschleunigten Unterraum-Iterationsmethode ebenfalls durch eine messtechnische Untersuchung bestätigt.

Ausblick

Aus Sicht des Autors stellen die entwickelten Methoden in dieser vorliegenden Arbeit eine solide Grundlage dar, um die CAM-Planung von dünnwandigen Werkstücken zu optimieren.

Die statische Verlagerung eines dünnwandigen Werkstücks führt zu Formfehlern nach dem Bearbeitungsprozess. Mit den beschleunigten Cholesky- und KG-Methoden ist es möglich, die variierende statische Nachgiebigkeit des dünnwandigen Werkstücks effizient und genau vorherzusagen. Auf Basis dieser vorhergesagten statischen Nachgiebigkeit und der Prozesskraft, die mit einer anderen Methode ermittelt wird, kann die statische Verlagerung des dünnwandigen Werkstücks berechnet werden. Dies bietet eine Möglichkeit, die Werkzeugbahn in den CAM-Programmen so anzupassen, dass der Formfehler des Werkstücks reduziert oder eliminiert wird.

Ohne eine geeignete Auswahl der Prozessparameter führt die Bearbeitung eines dünnwandigen Werkstücks zu starken Schwingungen, die für das Werkstück, das Werkzeug und die Werkzeugmaschine schädlich sind. Mit der beschleunigten Unterraum-Iterationsmethode ist es möglich, die variierenden Eigenpaare des dünnwandigen Werkstücks genau und effizient vorherzusagen. Auf Basis der vorhergesagten Eigenpaare und der Dämpfungseigenschaften des Werkstücks können Stabilitätsdiagramme für alle Zwischenzustände des Werkstücks generiert werden. Dadurch ist es möglich, die Prozessparameter während der CAM-Planung auszuwählen, sodass die Schwingungen während des Bearbeitungsprozesses deutlich reduziert werden. Hierbei ist es jedoch erforderlich, geeignete Methoden zur Vorhersage der Dämpfungseigenschaften des Werkstücks zu entwickeln.

Es ist zu berücksichtigen, dass ein FE-System für das initiale Werkstück aufgebaut werden muss, um die in dieser Arbeit entwickelten Methoden zu verwenden. Dies stellt eine Herausforderung für viele kleine und mittelständische Unternehmen (KMU) dar, da ein erfahrener Simulationsingenieur erforderlich ist. Um diese Problematik zu bewältigen, ist die Entwicklung einer Methode zum automatischen Aufbau des FE-Systems auf Basis der vorhandenen Daten in den CAM-Programmen empfehlenswert.

Summary and outlook

Summary

In this work, a procedure for predicting the static receptance and the eigenpairs of thin-walled workpieces is discussed. The core component of this procedure is the construction and solution of the FE-systems for all intermediate states of the workpieces. To generate the FE-models for all intermediate states of the thin-walled workpiece, a data structure is introduced, consisting of element, node, and intermediate state tables. Based on the data stored in these three tables, the system matrices for all intermediate states of the workpiece are assembled. Using these system matrices, the FE-models for all intermediate states of the thin-walled workpiece are fully mathematically described.

A general approach is introduced for predicting the varying static receptance of the thin-walled workpiece. This approach requires repeatedly solving a static system of equations for all intermediate states of the workpiece, which can lead to a large computational time. To reduce this computational effort, the conventional Cholesky- and CG-methods are extended and accelerated by using the computational results from the preceding intermediate state. To evaluate the efficiency of these accelerated methods, both simulative and experimental investigations are conducted. The results demonstrate that the accelerated Cholesky- and CG-methods achieve high efficiency without compromising the accuracy of the predictions.

Predicting the varying eigenpairs of the workpiece requires calculations for numerous intermediate states, which can lead to a large computational effort. To reduce this effort, the traditional subspace iteration method is accelerated by constructing optimal initial iteration vectors for each intermediate state based on the eigenvectors computed for the preceding intermediate state. Using the accelerated subspace iteration method significantly reduces the average computation time, as demonstrated in a numerical example. This highlights the method's high efficiency. To evaluate its accuracy, the accelerated subspace iteration method is compared with the commercial software Abaqus. The small deviations between the results obtained from the accelerated method and Abaqus indicate a high level of accuracy, which is further confirmed through experimental investigations.

Outlook

From the author's perspective, the methods developed in this dissertation provide a solid foundation for optimizing the CAM planning of thin-walled workpieces.

The static displacement of a thin-walled workpiece leads to geometric deviation after the machining process. Using the accelerated Cholesky- and CG-methods, it is possible to efficiently and accurately predict the varying static receptance of the thin-walled workpiece. Based on this predicted static receptance and the process forces determined through other methods, the static displacement of the workpiece can be calculated. This provides an opportunity to adjust the toolpath in CAM programs to reduce or eliminate the geometric deviations of the workpiece.

Without appropriate selection of process parameters, machining a thin-walled workpiece can result in severe vibration, which is harmful to the workpiece, the tool, and the machine. Using the accelerated subspace iteration method, it is possible to accurately and efficiently predict the varying eigenpairs of the thin-walled workpiece. Based on the predicted eigenpairs and the damping properties of the workpiece, stability lobe diagrams for all intermediate states of the workpiece can be generated. This enables the selection of process parameters during CAM planning to significantly reduce vibration during the machining. However, it is necessary to develop suitable methods for predicting the damping properties of the workpiece to fully realize this potential.

It's important to note that an FE-model for the initial workpiece must be created to apply the methods developed in this dissertation. This presents a challenge for many small and medium-sized enterprises, because it requires an experienced simulation engineer. To overcome this dilemma, it is recommended to develop a method for the automatic generation of the FE-model based on the existing data in the CAM programs.

8 Literaturverzeichnis

[ALEX16] Alexander, I.; Vladimir, G.; Petr, P.; Mihail, K.; Yuriy, I.; Andrey, V.: Machining of Thin-Walled Parts Produced by Additive Manufacturing Technologies. In: Procedia CIRP, Vol. 41, 2016, S. 1023–1026.

[ALTI18] Altintas, Y.; Tuysuz, O., Habibi, M., Li, Z. L.: Virtual compensation of deflection errors in ball end milling of flexible blades. In: CIRP Annals, 2018.

[AMES96] Amestoy, P. R.; Davis, T. A.; Duff, I. S.: An Approximate Minimum Degree Ordering Algorithm. In: SIAM Journal on Matrix Analysis and Applications, Vol. 17(4), 1996, S. 886–905.

[ANNO15] Annoni, M.; Rebaioli, L.; Semeraro, Q.: Thin Wall Geometrical Quality Improvement in Micromilling. In: The International Journal of Advanced Manufacturing Technology, Vol. 79, 2015, S. 881–895.

[BAI00] Bai, Z.; Demmel, J.; Dongarra, J.; Ruhe, A.; Vorst, H. van der, Hrsg.: Templates for the Solution of Algebraic Eigenvalue Problems: A Practical Guide. Society for Industrial und Applied Mathematics, 2000.

[BATH13] Bathe, K. J.: The subspace iteration method–Revisited. In: Computers & Structures, 2013.

[BATH14] Bathe, K. J.: Finite element procedures. Watertown, 2014.

[BATH71] Bathe, K. J.: Solution Methods for Large Generalized Eigenvalue Problems in Structural Engineering. Techn. Ber. Retrieved from `https://escholarship.org/uc/item/68h1q5rg`. UC Berkeley: Structural Engineering, Mechanics, und Materials, 1971.

[BATH73] Bathe, K. J.; Wilson, E. L.: Solution Methods for Eigenvalue Problems in Structural Mechanics. In: International Journal for Numerical Methods in Engineering, Vol. 6(2), 1973, S. 213–226.

[BAZA11] Bazaraa, M. S.; Jarvis, J. J.; Sherali, H. D.: Linear Programming and Network Flows. John Wiley & Sons, 2011.

[BERG08] Berg, M. de; Cheong, O.; Kreveld, M. J. van; Overmars, M. H.: Computational Geometry: Algorithms and Applications. Springer, 2008.

[BERT97] Bertsimas, D.; Tsitsiklis, J. N.: Introduction to Linear Optimization. Bd. 6. Athena Scientific, Belmont, MA, 1997, S. 479–530.

[BIER10] Biermann, D.; Wiederkehr, P.; Surmann, T.: A general approach to simulating workpiece vibrations during five-axis milling of turbine blades. In: CIRP Annals, 2010.

[BOLA16] Bolar, G.; Joshi, S. N.: Three-dimensional numerical modeling, simulation and experimental validation of milling of a thin-wall component. In: Journal of Engineering Manufacture, 2016.

[BOYD04] Boyd, S.; Vandenberghe, L.: Convex Optimization. Cambridge University Press, Cambridge, UK, 2004.

[BRAN23] Brandt, A.: Noise and Vibration Analysis: Signal Analysis and Experimental Procedures. John Wiley & Sons, 2023.

[BRAV05] Bravo, U.; Altuzarra, O.; De Lacalle, L. L.; Sánchez, J. A.; Campa, F. J.: Stability limits of milling considering the flexibility of the workpiece and the machine. In: International Journal of Machine Tools and Manufacture, 2005.

[BREC16a] Brecher, C.; Chavan, P.; Fey, M.; Daniels, M.: A Modal Parameter Approach for Receptance Coupling of Tools. In: MM Science Journal, 2016.

[BREC16b] Brecher, C.; Fey, M.; Daniels, M.: Substructure Coupling Approach to Parameterization of Passive Dynamic Auxiliary Systems. In: Production Engineering, 2016.

[BREC18] Brecher, C.; Chavan, P.; Spierling, R.; Fey, M.: A Substructuring Approach for Simulation of Time Dependent Workpiece Dynamics During Milling. In: MM Science Journal, 2018.

[BREC21] Brecher, C.; Weck, M.: Machine Tools Production Systems 2: Design, Calculation and Metrological Assessment. Springer Nature, 2021.

[BREC23] Brecher, C.; Zhao, G.; Fey, M.: An Efficient Method to Simulate the Varying Static Receptance of a Thin-Walled Workpiece. In: MM Science Journal, Vol. 2023, 2023, S. 1–8.

[BREC24a] Brecher, C.; Zhao, G.; Fey, M.: Accelerated Subspace Iteration Method for Simulating Varying Eigenpairs of Thin-Walled Workpieces. In: MM Science Journal, Vol. 2024, 2024, S. 1–8.

[BREC24b] Brecher, C.; Zhao, G.; Fey, M.: An Efficient Iterative Method to Simulate the Varying Static Receptance of a Thin-Walled Workpiece. In: MM Science Journal, Vol. 2024, 2024, S. 1–8.

[BROC84] Broch, J. T.: Mechanical Vibration and Shock Measurements. Bruel & Kjaer, Naerum, 1984.

[BUDA12] Budak, E.; Tunç, L. T.; Alan Özgüven, H. N.: Prediction of workpiece dynamics and its effects on chatter stability in milling. In: CIRP Annals, 2012.

[BUDA95] Budak, E.; Altintas, Y.: Modeling and avoidance of static form errors in peripheral milling of plates. In: International Journal of Machine Tools and Manufacture, 1995.

[CHAN10] Chang, S. Y.: A new family of explicit methods for linear structural dynamics. In: Computers & Structures, Vol. 88(11-12), 2010, S. 755–772.

[CHAV20] Chavan, P.; Brecher, C.; Fey, M.; Loba, M.: Workpiece Coupling in Machine Tools Using Experimental-Analytical Dynamic Substructuring. In: Dynamic Substructures. Springer, 2020.

[CORM22] Cormen, T. H., Leiserson, C. E.; Rivest, R. L.; Stein, C.: Introduction to algorithms. MIT Press, 2022.

[CRAI00] Craig Jr, R.: »Coupling of substructures for dynamic analyses-an overview«. In: 41st Structures, Structural Dynamics, and Materials Conference and Exhibit. 2000, S. 1573.

[DANT63] Dantzig, G. B.: Linear Programming and Extensions. Princeton University Press, Princeton, 1963.

[DANT90] Dantzig, G. B.: Origins of the Simplex Method. In: A History of Scientific Computing. Springer, 1990, S. 141–151.

[DAVI06] Davis, T. A.: Direct Methods for Sparse Linear Systems. Society for Industrial und Applied Mathematics, 2006.

[DEJE23] Dejene, N. D.; Lemu, H. G.; Gutema, E. M.: Critical Review of Comparative Study of Selective Laser Melting and Investment Casting for Thin-Walled Parts. In: Materials, Vol. 16(23), 2023, S. 7346.

[DELS19] Del Sol, I.; Rivero, A.; López de Lacalle, L. N.; Gamez, A. J.: Thin-Wall Machining of Light Alloys: A Review of Models and Industrial Approaches. In: Materials, Vol. 12(12), 2019, S. 2012.

[DEMM97] Demmel, J. W.: Applied Numerical Linear Algebra. Society for Industrial und Applied Mathematics, 1997.

[DENK07] Denkena, B.; Schmidt, C.: Experimental investigation and simulation of machining thin-walled workpieces. In: Production Engineering, 2007.

[DITT19] Dittrich, M. A.; Böß, V.; Wichmann, M.; Denkena, B.: Simulation-based compensation of deflection errors in helical flute grinding. In: CIRP Journal of Manufacturing Science and Technology, 2019.

[DOLL10] Dollar, H. S.; Scott, J. A.: A Note on Fast Approximate Minimum Degree Orderings for Symmetric Matrices with Some Dense Rows. In: Numerical Linear Algebra with Applications, Vol. 17(1), 2010, S. 43–55.

[DØSS88] Døssing, O.: Structural Testing. 2. Aufl. Brüel & Kjær, 1988.

[DUFF89] Duff, I. S.; Grimes, R. G.; Lewis, J. G.: Sparse Matrix Test Problems. In: ACM Transactions on Mathematical Software (TOMS), Vol. 15(1), 1989, S. 1–14.

[ELBE91] Elbestawi, M. A.; Sagherian, R.: Dynamic Modeling for the Prediction of Surface Errors in the Milling of Thin-Walled Sections. In: Journal of Materials Processing Technology, Vol. 25(2), 1991, S. 215–228.

[ERIC04] Ericson, C.: Real-time collision detection. CRC Press, 2004.

[FRAN61] Francis, J. G.: The QR Transformation: A Unitary Analogue to the LR Transformation—Part 1. In: The Computer Journal, Vol. 4(3), 1961, S. 265–271.

[FRAN62] Francis, J. G.: The QR Transformation—Part 2. In: The Computer Journal, Vol. 4(4), 1962, S. 332–345.

[FU01] Fu, Z. F.; He, J.: Modal Analysis. Elsevier, 2001.

[GAUS74] Gauss, C. F.: Carl Friedrich Gauss Werke. Dieterichsche Universitätsdruckerei, 1874.

[GOLU00] Golub, G. H.; Van der Vorst, H. A.: Eigenvalue Computation in the 20th Century. In: Journal of Computational and Applied Mathematics, Vol. 123(1-2), 2000, S. 35–65.

[GOLU13] Golub, G. H.; Van Loan, C. F.: Matrix Computations. JHU Press, 2013.

[GREA14] Greathouse, J. L.; Daga, M.: »Efficient Sparse Matrix-Vector Multiplication on GPUs Using the CSR Storage Format«. In: SC'14: Proceedings of the International Conference for High Performance Computing, Networking, Storage and Analysis. IEEE, 2014, S. 769–780.

[GUIL03] Guillaume, P.; Verboven, P.; Vanlanduit, S.; Auweraer, H. V. D.; Peeters, B.: »A Poly-reference Implementation of the Least-Squares Complex Frequency-Domain Estimator«. In: Proceedings of IMAC. Bd. 21. 01. A Conference & Exposition on Structural Dynamics, Society for Experimental Mechanics, Kissimmee, FL, 2003.

[HACK16] Hackbusch, W.: Iterative Solution of Large Sparse Systems of Equations. Springer, 2016.

[HARR88] Harris, C. M.: Shock and Vibration Handbook. McGraw-Hill, 1988, S. 7–24.

[HEGG02] Heggernes, P.; Eisenstat, S. C.; Kumfert, G.; Pothen, A.: The Computational Complexity of the Minimum Degree Algorithm. Techn. Ber. UCRL-JC-148375. Livermore, CA, United States: Lawrence Livermore National Lab. (LLNL), 2002.

[HEST52] Hestenes, M. R.; Stiefel, E.: Methods of conjugate gradients for solving. In: Journal of Research of the National Bureau of Standards, 1952.

[HORN12] Horn, R. A.; Johnson, C. R.: Matrix Analysis. Cambridge University Press, 2012.

[HUAN18] Huang, N.; Yin, C.; Liang, L.; Hu, J.; Wu, S.: Error Compensation for Machining of Large Thin-Walled Part with Sculptured Surface Based on On-Machine Measurement. In: The International Journal of Advanced Manufacturing Technology, Vol. 96, 2018, S. 4345–4352.

[IZAM11] Izamshah, R. A.; Mo, J.; Ding, S. L.: Finite element analysis of machining thin-wall parts. In: Key Engineering Materials, 2011.

[IZAM12] Izamshah, R.; Mo, J. P. T.; Ding, S.: Hybrid Deflection Prediction on Machining Thin-Wall Monolithic Aerospace Components. In: Proceedings of the Institution of Mechanical Engineers, Part B: Journal of Engineering Manufacture, Vol. 226(4), 2012, S. 592–605.

[JACO46] Jacobi, C. G. J.: Über ein leichtes Verfahren die in der Theorie der Säcularstörungen vorkommenden Gleichungen numerisch aufzulösen. In: Journal für die reine und angewandte Mathematik, Vol. 30, 1846, S. 51–94.

[JIA01] Jia, Z.; Stewart, G. W.: An Analysis of the Rayleigh–Ritz Method for Approximating Eigenspaces. In: Mathematics of Computation, Vol. 70(234), 2001, S. 637–647.

[KARI24a] Karimi, B.; Altintas, Y.: Optimal stock removal to reduce chatter and deflection errors for five-axis ball-end milling of thin-walled blades. In: CIRP Annals, 2024.

[KARI24b] Karimi, B.; Altintas, Y.: Virtual dynamics model for five-axis machining of thin-walled blades. In: Journal of Manufacturing Science and Engineering, Vol. 146(2), 2024.

[KHAN18] Khandagale, P.; Bhakar, G.; Kartik, V.; Joshi, S. S.: Modelling time-domain vibratory deflection response of thin-walled cantilever workpieces during flank milling. In: Journal of Manufacturing Processes, 2018.

[KIM17] Kim, K. T.; Bathe, K. J.: The Bathe subspace iteration method enriched by turning vectors. In: Computers & Structures, Vol. 186, 2017, S. 11–21.

[KOIK13] Koike, Y.; Matsubara, A.; Yamaji, I.: Design method of material removal process for minimizing workpiece displacement at cutting point. In: CIRP Annals, 2013.

[KOLL13a] Kolluru, K.; Axinte, D.: Coupled Interaction of Dynamic Responses of Tool and Workpiece in Thin Wall Milling. In: Journal of Materials Processing Technology, Vol. 213(9), 2013, S. 1565–1574.

[KOLL13b] Kolluru, K.; Axinte, D.; Becker, A.: A Solution for Minimising Vibrations in Milling of Thin Walled Casings by Applying Dampers to Workpiece Surface. In: CIRP Annals, Vol. 62(1), 2013, S. 415–418.

[KOLL14] Kolluru, K.; Axinte, D.: Novel Ancillary Device for Minimising Machining Vibrations in Thin Wall Assemblies. In: International Journal of Machine Tools and Manufacture, Vol. 85, 2014, S. 79–86.

[KRES12] Kress, R.: Numerical Analysis. Bd. 181. Springer Science & Business Media, 2012.

[KUBL62] Kublanovskaya, V. N.: On Some Algorithms for the Solution of the Complete Eigenvalue Problem. In: USSR Computational Mathematics and Mathematical Physics, Vol. 1(3), 1962, S. 637–657.

[LARS13] Larson, M. G.; Bengzon, F.: The Finite Element Method: Theory, Implementation, and Applications. Bd. 10. Springer Science & Business Media, 2013.

[LI18] Li, Z. L.; Tuysuz, O.; Zhu, L. M.; Altintas, Y.: Surface form error prediction in five-axis flank milling of thin-walled parts. In: International Journal of Machine Tools and Manufacture, 2018.

[LIU22] Liu, W. K.; Li, S.; Park, H. S.: Eighty Years of the Finite Element Method: Birth, Evolution, and Future. In: Archives of Computational Methods in Engineering, Vol. 29(6), 2022, S. 4431–4453.

[LIU86] Liu, J. W.: A Compact Row Storage Scheme for Cholesky Factors Using Elimination Trees. In: ACM Transactions on Mathematical Software (TOMS), Vol. 12(2), 1986, S. 127–148.

[LIU90] Liu, J. W.: The Role of Elimination Trees in Sparse Factorization. In: SIAM Journal on Matrix Analysis and Applications, Vol. 11(1), 1990, S. 134–172.

[LOEH12] Loehe, J.; Zaeh, M. F.; Roesch, O.: In-Process Deformation Measurement of Thin-Walled Workpieces. In: Procedia CIRP, Vol. 1, 2012, S. 546–551.

[LOGA11] Logan, D. L.: A First Course in the Finite Element Method. Bd. 4. Thomson, 2011.

[LYCH20] Lyche, T.: Numerical Linear Algebra and Matrix Factorizations. Bd. 22. Springer Nature, 2020.

[MASM17] Masmali, M.; Mathew, P.: An Analytical Approach for Machining Thin-Walled Workpieces. In: Procedia CIRP, Vol. 58, 2017, S. 187–192.

[MATO07] Matoušek, J.; Gärtner, B.: Understanding and Using Linear Programming. Bd. 1. Springer, Berlin, 2007.

[MEUR99] Meurant, G.: Computer Solution of Large Linear Systems. Elsevier, 1999.

[MÖHR18] Möhring, H. C.; Wiederkehr, P.; Lerez, C.; Siebrecht, T.; Schmitz, H.: Case Study 1.1: Identification and Active Damping of Critical Workpiece Vibrations in Milling of Thin Walled Workpieces. In: Intelligent Fixtures for the Manufacturing of Low Rigidity Components. Springer, 2018.

[MOVA06] Movahhedy, M. R.; Gerami, J. M.: Prediction of spindle dynamics in milling by sub-structure coupling. In: International Journal of Machine Tools and Manufacture, Vol. 46(3-4), 2006, S. 243–251.

[NOH13] Noh, G.; Bathe, K. J.: An explicit time integration scheme for the analysis of wave propagations. In: Computers & Structures, Vol. 129, 2013, S. 178–193.

[PARD95] Pardalos, P. M.; Li, Y.; Hager, W. W.: Linear Programming Approaches to the Convex Hull Problem in Rm. In: Computers & Mathematics with Applications, Vol. 29(7), 1995, S. 23–29.

[PEET04] Peeters, B.; Auweraer, H. V. der; Guillaume, P.; Leuridan, J.: The PolyMAX Frequency-Domain Method: A New Standard for Modal Parameter Estimation? In: Shock and Vibration, Vol. 11(3-4), 2004, S. 395–409.

[PEET12] Peeters, B.; El-kafafy, M.; Guillaume, P.: »The New PolyMAX Plus Method: Confident Modal Parameter Estimation Even in Very Noisy Cases«. In: Proceedings of the International Conference on Noise and Vibration Engineering, ISMA. 2012.

[PISS84] Pissanetzky, S.: Sparse Matrix Technology. Electronic edition. Academic Press, 1984.

[RATC05] Ratchev, S.; Liu, S.; Becker, A. A.: Error compensation strategy in milling flexible thin-wall parts. In: Journal of Materials Processing Technology, 2005.

[RITZ09] Ritz, W.: Über eine neue Methode zur Lösung gewisser Variationsprobleme der mathematischen Physik. ger. In: Journal für die reine und angewandte Mathematik, Vol. 135, 1909, S. 1–61.

[SAAD03] Saad, Y.: Iterative Methods for Sparse Linear Systems. Society for Industrial und Applied Mathematics, 2003.

[SAAD11] Saad, Y.: Numerical Methods for Large Eigenvalue Problems: Revised Edition. Society for Industrial und Applied Mathematics, 2011.

[SAME71] Sameh, A. H.: On Jacobi and Jacobi-Like Algorithms for a Parallel Computer. In: Mathematics of Computation, Vol. 25(115), 1971, S. 579–590.

[SCHR82] Schreiber, R.: A New Implementation of Sparse Gaussian Elimination. In: ACM Transactions on Mathematical Software (TOMS), Vol. 8(3), 1982, S. 256–276.

[SCIP14] Scippa, A.; Grossi, N.; Campatelli, G.: FEM Based Cutting Velocity Selection for Thin Walled Part Machining. In: Procedia CIRP, Vol. 14, 2014, S. 287–292.

[SCOT23] Scott, J.; Tůma, M.: Algorithms for Sparse Linear Systems. Springer Nature, 2023.

[SEDE10] Sedeh, R. S.; Bathe, M.; Bathe, K. J.: The subspace iteration method in protein normal mode analysis. In: Journal of Computational Chemistry, Vol. 31(1), 2010, S. 66–74.

[SEGU08] Seguy, S.; Dessein, G.; Arnaud, L.: Surface Roughness Variation of Thin Wall Milling, Related to Modal Interactions. In: International Journal of Machine Tools and Manufacture, Vol. 48(3-4), 2008, S. 261–274.

[SEID73] Seidel, P. L. von: Über ein Verfahren, die Gleichungen, auf welche die Methode der kleinsten Quadrate führt, sowie lineäre Gleichungen überhaupt, durch successive Annäherung aufzulösen. In: Journal, Vol. 1, 1873, S. 1–20.

[SHAH05] Shahnaz, R.; Usman, A.; Chughtai, I. R.: »Review of Storage Techniques for Sparse Matrices«. In: 2005 Pakistan Section Multitopic Conference. IEEE, 2005, S. 1–7.

[SHEW94] Shewchuk, J. R.: An Introduction to the Conjugate Gradient Method Without the Agonizing Pain. Techn. Ber. School of Computer Science, Carnegie Mellon University, 1994.

[SMIT12] Smith, S.; Wilhelm, R.; Dutterer, B.; Cherukuri, H.; Goel, G.: Sacrificial Structure Preforms for Thin Part Machining. In: CIRP Annals, Vol. 61(1), 2012, S. 379–382.

[STEF11] Stefanescu, D. M.: Handbook of Force Transducers: Principles and Components. Springer Science & Business Media, 2011.

[SZEL22] Szeliski, R.: Computer Vision: Algorithms and Applications. 2nd. Springer Nature, 2022.

[TEWA73] Tewarson, R. P.: Sparse Matrices. Bd. 69. Academic Press, New York, 1973.

[TINN67] Tinney, W. F.; Walker, J. W.: Direct Solutions of Sparse Network Equations by Optimally Ordered Triangular Factorization. In: Proceedings of the IEEE, Vol. 55(11), 1967, S. 1801–1809.

[TREF22] Trefethen, L. N.; Bau, D.: Numerical Linear Algebra. Society for Industrial und Applied Mathematics, 2022.

[TSAI16] Tsai, M. P.; Tsai, N. C.; Yeh, C. W.: On milling of thin-wall conical and tubular workpieces. In: Mechanical Systems and Signal Processing, 2016.

[TSAI99] Tsai, J. S.; Liao, C. L.: Finite-Element Modeling of Static Surface Errors in the Peripheral Milling of Thin-Walled Workpieces. In: Journal of Materials Processing Technology, Vol. 94(2-3), 1999, S. 235–246.

[TUYS17a] Tuysuz, O.; Altintas, Y.: Frequency domain updating of thin-walled workpiece dynamics using reduced order substructuring method in machining. In: Journal of Manufacturing Science and Engineering, 2017.

[TUYS17b] Tuysuz, O.; Altintas, Y.: Time-domain modeling of varying dynamic characteristics in thin-wall machining using perturbation and reduced-order substructuring methods. In: Journal of Manufacturing Science and Engineering, 2017.

[VAN 86] Van der Sluis, A.; Vorst, H. A. van der: The Rate of Convergence of Conjugate Gradients. In: Numerische Mathematik, Vol. 48, 1986, S. 543–560.

[VAND98] Vanderbei, R. J.: Linear Programming: Foundations and Extensions. Bd. 49. 1. Journal of the Operational Research Society, 1998, S. 94–94.

[WAN05] Wan, M.; Zhang, W.; Qiu, K.; Gao, T.; Yang, Y.: Numerical Prediction of Static Form Errors in Peripheral Milling of Thin-Walled Workpieces with Irregular Meshes. In: Journal of Manufacturing Science and Engineering, Vol. 127(1), 2005, S. 13–22.

[WANG15] Wang, J.; Ibaraki, S.; Matsubara, A.; Shida, K.; Yamada, T.: FEM-based simulation for workpiece deformation in thin-wall milling. In: International Journal of Automation Technology, 2015.

[WANG17] Wang, J.; Ibaraki, S.; Matsubara, A.: A cutting sequence optimization algorithm to reduce the workpiece deformation in thin-wall machining. In: Precision Engineering, 2017.

[WATK82] Watkins, D. S.: Understanding the QR Algorithm. In: SIAM Review, Vol. 24(4), 1982, S. 427–440.

[WIED13] Wiederkehr, P.; Biermann, D.: Modeling techniques for simulating workpiece deflections in NC milling. In: CIRP Journal of Manufacturing Science and Technology, 2013.

[WIED16] Wiederkehr, P.; Siebrecht, T.: Virtual machining: capabilities and challenges of process simulations in the aerospace industry. In: Procedia Manufacturing, 2016.

[WILK71] Wilkinson, J. H.; Reinsch, C.; Rutishauser, H.: The Jacobi Method for Real Symmetric Matrices. In: Handbook for Automatic Computation: Volume II: Linear Algebra. Springer, 1971, S. 202–211.

[WIMM19] Wimmer, S.; Hunyadi, P.; Zaeh, M. F.: A numerical approach for the prediction of static surface errors in the peripheral milling of thin-walled structures. In: Production Engineering, 2019.

[WITT13] Wittenburg, J.: Schwingungslehre: Lineare Schwingungen, Theorie und Anwendungen. Springer-Verlag, 2013.

[WU19] Wu, W.; Xue, J.; Wang, L.; Zhang, Z.; Hu, Y.; Dong, C.: Forming Process, Microstructure, and Mechanical Properties of Thin-Walled 316L Stainless Steel Using Speed-Cold-Welding Additive Manufacturing. In: Metals, Vol. 9(1), 2019, S. 109.

[WU21] Wu, G.; Li, G.; Pan, W.; Raja, I.; Wang, X.; Ding, S.: A State-of-Art Review on Chatter and Geometric Errors in Thin-Wall Machining Processes. In: Journal of Manufacturing Processes, Vol. 68, 2021, S. 454–480.

[YANG16] Yang, Y.; Zhang, W. H.; Ma, Y. C.; Wan, M.: Chatter Prediction for the Peripheral Milling of Thin-Walled Workpieces with Curved Surfaces. In: International Journal of Machine Tools and Manufacture, Vol. 109, 2016, S. 36–48.

[ZHU21] Zhu, Z.; Xi, X.; Xu, X.; Cai, Y.: Digital Twin-Driven Machining Process for Thin-Walled Part Manufacturing. In: Journal of Manufacturing Systems, Vol. 59, 2021, S. 453–466.

[ZIEN00] Zienkiewicz, O. C.; Taylor, R. L.: The Finite Element Method: Solid Mechanics. Bd. 2. Butterworth-Heinemann, 2000.

In der Reihe **Ergebnisse aus der Produktionstechnik** zuletzt erschienen:

Zhao, Guifeng:
Methoden zur effizienten und genauen Berechnung der statischen Nachgiebigkeit und der Eigenpaare dünnwandiger Werkstücke
ISBN: 978-3-98555-335-8
Erscheinungsdatum: 09.03.2026

Westphal, Christian:
Verzahnungsauslegung für Stufenplanetengetriebe
ISBN: 978-3-98555-330-3
Erscheinungsdatum: 11.02.2026

Schäfer, Jan Marvin:
Digitale Auftragsnachverfolgung auf dem Shopfloor additiver Produktionssysteme
ISBN: 978-3-98555-332-7
Erscheinungsdatum: 03.02.2026

Bergs, Christian:
Untersuchung von Werkzeugschnittstellen für Fräsmaschinen unter Betriebsbedingungen
ISBN: 978-3-98555-320-4
Erscheinungsdatum: 13.01.2026

Niwar, Lea:
Methodik zur Arbeitsvorbereitung mittels Maschinensteuerungs- und Sensordaten für extrusionsbasierte additive Verfahren
ISBN: 978-3-98555-315-0
Erscheinungsdatum: 13.01.2026

Frey, Christoph:
Gestaltung eines Ökosystems für Netzwerkinnovationen im Werkzeugbau
ISBN: 978-3-98555-329-7
Erscheinungsdatum: 23.02.2026

Buchholz, Philip:
Entwicklung und Evaluierung eines neuartigen Recyclingverfahrens für thermoplastische Tapes
ISBN: 978-3-98555-327-3
Erscheinungsdatum: 03.02.2026

Kiesewetter-Marko, Caroline:
Verwendung von Zementbeton für dynamisch belastete Strukturbauteile von Werkzeugmaschinen
ISBN: 978-3-98555-322-8
Erscheinungsdatum: 27.01.2026

Dehn, Mathias:
Korrektur des thermo-elastischen Maschinenfehlers von Fräsmaschinen mithilfe von künstlichen neuronalen Netzen und maschineninternen Daten
ISBN: 978-3-98555-326-6
Erscheinungsdatum: 23.02.2026

Wiesch, Marian:
Lernende Prozesskraftmodellierung zur Planung und Überwachung in der Einzelteilfertigung für Fräsanwendungen
ISBN: 978-3-98555-324-2
Erscheinungsdatum: 13.01.2026

Edition Wissenschaft
Apprimus

Maetschke, Jan:
Wirtschaftliche Leistungssteigerung von Produktionslinien
ISBN: 978-3-98555-316-7
Erscheinungsdatum: 09.12.2025

Slawik, Viktor:
Datenbasierte Analyse vernetzter natürlich sprachlicher Anforderungen in der Produktentwicklung
ISBN: 978-3-98555-313-6
Erscheinungsdatum: 24.11.2025

de Oliveira Löhrer, Patrícia:
Influence of Material Removal Mechanisms on Thermo-Mechanical Loads in Continuous Generating Gear Grinding
ISBN: 978-3-98555-309-9
Erscheinungsdatum: 17.11.2025

Lossie, Karl:
Decision Model for Performance-Driven Prioritization of Operational Decisions on the Manufacturing Shop Floor
ISBN: 978-3-98555-305-1
Erscheinungsdatum: 29.09.2025

Klee, Lukas:
Auslegung des Druckprozesses beim Binder Jetting zur Herstellung von Verzahnungen mit hoher Zahnfußtragfähigkeit
ISBN: 978-3-98555-299-3
Erscheinungsdatum: 02.09.2025

Lee, Tae Hun:
Messung und Modellierung der thermo-elastischen Abweichungen von fünfachsigen Werkzeugmaschinen
ISBN: 978-3-98555-294-8
Erscheinungsdatum: 12.08.2025

Blanke, Philipp:
Temporäre Automatisierung von Werkzeugmaschinen
ISBN: 978-3-98555-314-3
Erscheinungsdatum: 24.11.2025

Beckschulte, Sebastian:
Gestaltungsmodell zur Systematisierung der Fehlerdatenerfassung im manuellen Montageprozess
ISBN: 978-3-98555-311-2
Erscheinungsdatum: 17.11.2025

Zalfen, Moritz:
Einfluss der Dehnrate auf die Zahnfußtragfähigkeit schnelllaufender Zahnradgetriebe
ISBN: 978-3-98555-308-2
Erscheinungsdatum: 03.11.2025

Schäfer, Niklas:
Regelbasierte Planungsautomatisierung für die Digitale Fabrik
ISBN: 978-3-98555-304-4
Erscheinungsdatum: 29.09.2025

Trisjono, Julian Andreas:
Methodik zur Einführung datengetriebener Geschäftsmodelle im Werkzeugbau
ISBN: 978-3-98555-298-6
Erscheinungsdatum: 02.09.2025

Schollemann, Alexander:
Strategische Ausrichtung nachhaltiger Produktionsnetzwerke
ISBN: 978-3-98555-293-1
Erscheinungsdatum: 15.07.2025

Edition Wissenschaft
Apprimus